市場分析與軟體應用實驗教程

史學斌 編著

前 言

　　在當今信息化時代背景下，無論是個人、政府還是企業，都需要在社會生活的信息海洋中獲取有價值的信息，並據此做出科學的評估和決策。因此，對信息的採集、處理和分析，並給出專業的評估與研究報告就顯得十分重要了。然而，自從2009年博士畢業，並進入高校從事教育工作以來，筆者時常感受到當代大學生數據處理與分析能力的匱乏。導致這一問題的原因很多，其中，高校偏重理論教學，忽視實驗教學，大學生不能在教學環節中得到充分的實踐鍛煉是一個重要原因。正是出於加強實踐教學環節力度的考慮，同時也是為了方便教學，筆者編寫了本教程。

　　與其他書籍相比，本教程具有以下特點：

　　（1）本教程各章使用的數據為同一套數據——「房地產調查」數據庫。這樣做一方面避免了使用多套數據造成的繁瑣，另一方面也有助於大學生對市場調查活動形成一個完整的全貌性印象。

　　（2）考慮到很多經管專業的大學生統計學基礎較為薄弱，本教程在強調實踐操作的同時，增加了「統計分析基礎」一章，以方便統計學基礎不太強的學生進行學習。

　　（3）本教程立足於實踐操作，輔之以例題分析，忽略過多的數學證明與推導，從而避免使大學生感到過於深奧而望而生畏。

　　（4）在對統計結果的解讀方面，除了統計意義的解讀與分析，本教程格外注重結合調查背景，對統計結果進行社會經濟意義上的解讀與分析。從而加強對大學生撰寫調查報告的能力的鍛煉。

　　限於筆者的經驗和水平，本書中恐難以避免存在一些缺點和不當之處，懇請專家和同行不吝指正！

史學斌

目 錄

第一章　統計分析基礎 ·· (1)
　　一、數據的特點與分類 ·· (1)
　　二、使用樣本研究總體的邏輯與原理 ·· (2)

第二章　SPSS 軟件基礎 ·· (11)
　　一、SPSS 的使用界面 ·· (11)
　　二、SPSS 的基本操作 ·· (13)
　　三、SPSS 的文件管理 ·· (16)

第三章　數據庫的建立與數據錄入 ·· (17)
　　一、數據庫的建立 ·· (17)
　　二、數據錄入 ·· (22)

第四章　數據預處理 ·· (25)
　　一、個案的排序與排秩 ·· (25)
　　二、合併文件與分割文件 ·· (29)
　　三、選擇個案 ·· (35)
　　四、重新編碼 ·· (38)
　　五、變量運算 ·· (42)

第五章　單變量的描述統計分析 ·· (45)
　　一、頻數分析 ·· (45)
　　二、描述統計 ·· (50)

第六章　交叉列表與等級相關分析 …… (52)
　　一、交叉列表分析 …… (52)
　　二、等級相關分析 …… (57)

第七章　多選變量分析 …… (60)
　　一、多選變量的頻數分析 …… (60)
　　二、多選變量的交叉分析 …… (63)

第八章　均值比較分析 …… (67)
　　一、單樣本的 T 檢驗 …… (67)
　　二、獨立樣本的 T 檢驗 …… (69)
　　三、配對樣本的 T 檢驗 …… (72)

第九章　一元方差分析 …… (73)
　　一、簡單方差分析 …… (73)
　　二、平均數多重比較的方差分析 …… (76)

第十章　相關分析 …… (79)

第十一章　多元線性迴歸分析 …… (82)

第十二章　因子分析 …… (89)

第十三章　聚類分析 …… (99)
　　一、層次聚類法 …… (99)
　　二、迭代聚類法 …… (106)

第十四章　對應分析 …………………………………………（112）

第十五章　運用統計圖分析 …………………………………（120）
　一、條形圖 ………………………………………………（120）
　二、折線圖 ………………………………………………（125）
　三、餅圖 …………………………………………………（129）
　四、散點圖 ………………………………………………（134）
　五、直方圖 ………………………………………………（137）

第一章　統計分析基礎

一、數據的特點與分類

1. 數據的特點

市場研究中的調查數據，具有三個典型特點：

一是離散性。市場調查中的數據或觀測數加都是一個個分散的數字形式出現的。數據在數軸上的變化是不連續的、間斷的，數目上是有限的。

二是波動性。波動性又稱變異性。觀測數據總是在一定的空間和時間範圍內不斷變化的，很難收集到完全相同的數據。

三是規律性。觀測數據雖然具有波動性，但這種波動並不是雜亂無章的，而是在一定的範圍內，呈現出一定的規律性的。這種規律性雖然難以直觀辨出，但是，通過對數據進行分析整理、統計檢驗後就顯得很清楚了。正是由於數據具有規律性，統計檢驗才有必要和可能。

2. 數據的分類

市場研究的調查數據按照測量層次由低到高依次分為定類變量、定序變量、定距變量和定比變量。

定類變量（Nominal）又稱定類數據或類別數據。它是對事物類別或性質的測量。它是顯示事物數量特徵的最粗糙的測量尺度。比如，性別、婚姻狀況、品牌等。若用「1」表示男性，「2」表示女性，此時的 1 和 2 只是表明類別的不同，是一種分類符號。不反應事物本身的數量狀況，不具有數值上的意義。用數學語言講，定類變量只能用等於或不等於表示，既不能用大於或小於來比較大小，更不能用加、減、乘、除對其作數學運算。

定序變量（Ordinal）也稱定序數據或等級數據。它是對事物類別間等級或順序差別進行測量。因此，定序變量的數據具有某種邏輯順序，但沒有相等的單位，也沒有絕對的零點。如學歷、工作效率、讚成程度、喜愛程度等，它們具有高低、大小、強弱的差異，我們據此可以對它們進行比較，但是不能說明它們的具體差異量的大小，或者說，定序變量具有等於或不等於、大於或小於的關係，卻不能進行加、減、乘、除的運算。

定距變量（Interval）也稱定距數據或等距數據。它是對事物類別或次序之間的差

距進行測量。因此，定距變量的數據是具有相等單位卻沒有絕對零點的數據。由於具有相等單位，就引入了數量變化的概念，因此，定距變量不僅能將變量區分類別和順序，還可以確定變量之間的數量差別和間隔距離，或者說，定距變量不僅具有等於或不等于、大於或小於的關係，還能進行加減運算。智力測驗中的智商和氣溫測量中的溫度都屬於典型的定距變量，我們不僅能比較智商高低或溫度高低，而且能通過加減運算具體說明高低相差多少。定距變量開始真正顯示了事物在數量方面的差異。但是，定距變量沒有絕對的零點，因而不能進行乘除運算。以溫度為例，比如，今天溫度為6℃，昨天是3℃，我們可以說今天比昨天高3℃，卻不能說今天的溫度是昨天的溫度的兩倍。這是由於，溫度計上的零攝氏度只是一個相對的概念，是對水開始結冰的臨界點的規定，並不表示「沒有」溫度。

定比變量（Ratio）也稱定比數據或比例數據，是顯示事物數量特徵的最精確的測量尺度。定比變量除具有上述三種變量的全部性質之外，還具有實際意義的絕對零點，所以，它的測量數據既可加減也可乘除，如年齡、收入、價格等都屬於定比變量。拿收入來說，如甲地的人均收入為 5,000 元，乙地的人均收入為 3,000 元，可以說甲地比乙地人均收入高 2,000 元，也可以說甲地的人均收入是乙地的 1.67 倍。收入為零是一個絕對零點，確實表示沒有收入。

由於定距變量和定比變量都屬於高層次測量尺度，在實際運用中有時也不易區分。很多時候，為簡單起見，人們一般將這兩類變量合併為一類，稱作尺度變量。這樣，四類變量就變為了三類變量。SPSS 統計軟件即採用三類劃分法。

此外，關於不同測量層次的變量還有兩點需要做一些說明：

（1）高層次的變量包含了低層次變量的全部信息。因此，高層次的變量可以很方便地轉化為低層次的變量。以年齡為例，年齡可以看作是定比變量，假如對年齡進行分組，18 歲以下稱為未成年人，18~30 歲稱為青年人，31~60 歲稱為中年人，60 歲以上稱為老年人……這樣，年齡便成為定序變量。而低層次的變量卻不能轉化為高層次的變量。

（2）變量類型的確定直接關係到統計方法的選用。不同的變量類型，能採用的統計方法也就不同。但總體原則是，低測量層次的變量能夠使用的統計方法相對較少；高測量層次的變量能夠使用的統計方法相對較多。

二、使用樣本研究總體的邏輯與原理

在實際工作中，所有的市場調查都是抽樣調查，即對取之於總體的一部分個體所進行的調查。但是，我們的調查目的並不是僅僅希望瞭解這部分樣本的情況，而是希望通過研究樣本獲悉總體的情況。如果我們獲得的是一個隨機樣本，我們還可以借助現代統計學和概率論原理，對總體進行精確的統計推斷。其中，假設檢驗是推斷統計的主要內容。

1. 抽樣的相關概念

（1）總體（Population）。總體又被稱為全及總體，是指研究者根據一定研究目的而規定的所有調查對象的全體。例如，當我們做一項有關重慶市大學生通信消費狀況調查研究時，重慶市所有在校大學生便是此次調查的總體。總體一般用 N 表示。

（2）樣本（Sample）。樣本又被稱為抽樣總體，是從總體中按一定方式抽取出的一部分調查對象的集合。例如，從重慶市總數為 24.8 萬人的大學生總體中，按一定方式抽出 1,000 名大學生進行通信消費狀況的調查，這 1,000 名大學生就構成該總體的一個樣本。在市場調查中，我們用於市場分析的數據庫正是來自於樣本。樣本通常用小寫字母 n 表示。

（3）參數值（Parameter）。參數值又被稱為總體值，它是關於總體中某一變量的綜合描述，或者說是總體中所有構成單位的某種特徵的綜合數量表現。比如，上例中 24.8 萬重慶大學生的平均年齡就是一個總體參數。顯然，參數值只有對總體中的每一個單位都進行調查或測量才能得到。

（4）統計值（Statistic）。統計值也稱為樣本值，它是關於樣本中某一變量的綜合描述，或者說是樣本中所有單位的某種特徵的綜合數量表現。參數值通常以希臘字母表示，而統計值通常以羅馬字母表示，如總體平均數用 μ 表示，而樣本標準差則用 $\bar{X}$ 表示；又如總體標準差用 σ 表示，而樣本標準差則用 S 表示。參數值和統計值之間有一個重要的區別：參數值是確定不變的、惟一的，並且通常是未知的；而統計值則是變化的，即對於同一個總體來說，不同樣本所得的統計值是有差別的；同時，對於任一特定的樣本來說，統計值是已知的，或者說是可以通過計算得到的。從樣本的統計值來推論總體的參數值，正是市場調查的一項重要內容。

（5）置信水平（Confidence Level）。置信水平又被稱為置信度，它指的是總體參數值落在樣本統計值某一區間內的概率，或者說，是總體參數值落在樣本統計值某一區間中的把握性程度。它反應的是抽樣的可靠性程度。比如，置信水平為 95%，指的是總體參數值落在樣本統計值某一區間的概率為 95%，或者說，我們有 95% 的把握認為總體參數值將落在樣本統計值周圍的某一區間內。

（6）置信區間（Confidence Interval）。上面介紹置信水平時所說的「某一區間」，就是置信區間。它是指在一定的置信水平下，樣本統計值與總體參數值之間的誤差範圍。置信區間反應的是抽樣的精確性程度。置信區間越大，即誤差範圍越大，抽樣的精確性程度就越低；反之，置信區間越小，即誤差範圍越小，抽樣的精確性程度就越高。

2. 隨機抽樣的基本原理

市場調查所研究的總體往往是由形形色色、各種各樣的消費者構成的，他們的性別、年齡、職業、收入、喜好等各不相同。我們可以假設，如果總體中的每一個成員在所有方面都相同，那麼，我們說這個總體具有百分之百的同質性，在這種情況下，抽樣也就沒有必要了。因為，只要瞭解一個個體，就可以瞭解到整個總體的情況。顯

然，現實情況不是這樣的，相反，消費者之間通常都存在著程度不同的異質性，即它們所包含的個體相互之間總是存在著這樣或那樣的差別。「世界上沒有兩片完全相同的樹葉」，現實社會中也沒有兩個完全相同的人。在這種現實情況下，嚴格的隨機抽樣就必不可少。而隨機樣本所反應的正是總體本身所具有的那種內在的異質性。

抽樣的最終目的在於通過對樣本統計值的描述來勾畫出總體的面貌，隨機抽樣的方法可以幫助我們實現這一目標，並且可以對這種勾畫的準確程度做出估計。在隨機抽樣的過程中，我們總是要求保證總體中的每一個個體都有相同的機會入選樣本，而且任何一個個體的入選與否，與其他個體毫不相關，互不影響。或者說，每一個個體的抽取都是相互獨立的，是一種隨機事件。例如，我們把向空中投擲硬幣的所有結果看做一個總體，構成這一總體的個體只有兩種情況——正面和反面。那麼，每次投擲硬幣就相當於一次抽樣過程（從兩種可能性中抽取一種），這種抽樣就是隨機的。我們通過研究會發現，儘管一次具體的隨機抽樣只會有一個結果，或者說出現某一種情況（正面或反面）的概率為100%。但是若干次不同的抽樣結果，卻總是趨向於兩種情況出現的次數各占50%——即趨向於兩種不同結果本身所具有的概率，或者說趨向於總體內在結構中所蘊含的隨機事件的概率。這個例子告訴我們，在各種隨機事件的背後，存在著事件發生的客觀概率，正是這種概率決定著隨機事件的發展變化規律。概率抽樣之所以能夠保證樣本對總體的代表性，其原理就在於它能夠很好地按總體內在結構中所蘊含的各種隨機事件的概率來構成樣本，使樣本成為總體的縮影。

3. 統計推斷的邏輯與原理

在市場分析技術中，很多具體的方法都涉及利用樣本對總體狀況進行統計推斷。為了更好地理解統計推斷的邏輯與方法，有必要對抽樣分佈做一個簡要介紹（更為詳細的介紹可參見有關概率統計教材）。抽樣分佈是根據概率的原理而成立的理論分別，它顯示出：從一個總體中不斷抽取樣本時，各種可能出現的樣本統計值的分佈情況。

我們通過一個簡單的例子來看：在一個包括10個個體的總體中，我們通過抽取樣本來研究總體。假如這10個人受教育的年限分別為6、7、8、9、10、11、12、13、14、15年，那麼這一總體中的成員平均受教育年限為10.5年。需要提請注意的是：這一參數值若非通過普遍調查我們是不可能知道的，只能通過樣本統計值進行統計推斷。如果我們從總體中隨機抽取一個人作為樣本來估計總體受教育年限的平均數，那麼這種樣本的估計值可能是6年到15年。全部可能的10個樣本所得到的估計值可用圖1-1表示（圖中小點代表具體的樣本估計值）。

當樣本容量為2時，我們總共可以抽取45個不同的樣本（根據排列組合公式計算 $C_{10}^2 = \dfrac{10 \times 9}{2 \times 1} = 45$）。這45個樣本的平均數分佈如圖1-2所示。這些樣本的平均數範圍從6.5年到14.5年，但其中會產生一些相同的平均數。比如6年和14年、7年和13年、8年和12年、9年和11年這四個樣本的平均數都是10年。圖1-2中，10年那一列的4個點就是這4個樣本的平均數。

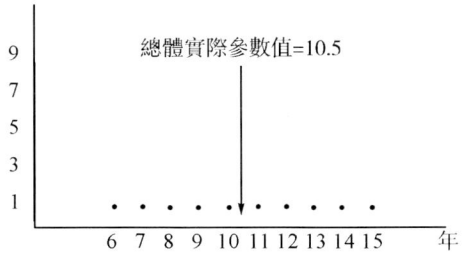

圖 1-1　容量為 1 的樣本的抽樣分佈（N = 10）

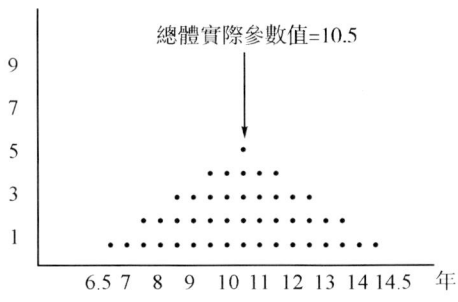

圖 1-2　容量為 2 的樣本的抽樣分佈（N = 45）

當樣本容量增至 3 時，我們就會得到 120 個樣本（根據排列組合公式計算 $C_{10}^3 = \dfrac{10 \times 9 \times 8}{3 \times 2 \times 1} = 120$）。全部樣本的平均數分佈如圖 1-3 所示。這些樣本的平均數範圍從 7 年到 14 年，其中相同的平均數更多。

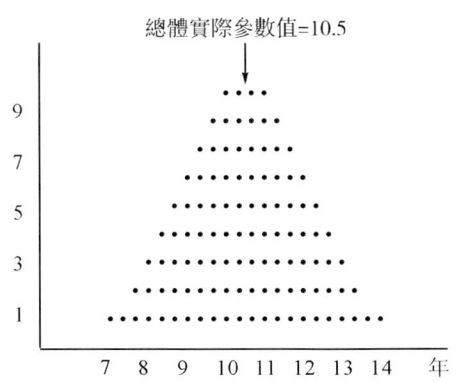

圖 1-3　容量為 3 的樣本的抽樣分佈（N = 120）

當樣本容量繼續增大（越來越接近總體的 1/2 時），樣本平均數的分佈會進一步發生變化。這種變化趨勢是：平均數的範圍將逐步縮小（即底部越來越窄）；相同的平均數會相應增多；全部平均數的分佈向總體平均數集中的趨勢也會越來越明顯。從圖 1-4、圖 1-5 中，我們可以很清楚地看到這種變化。

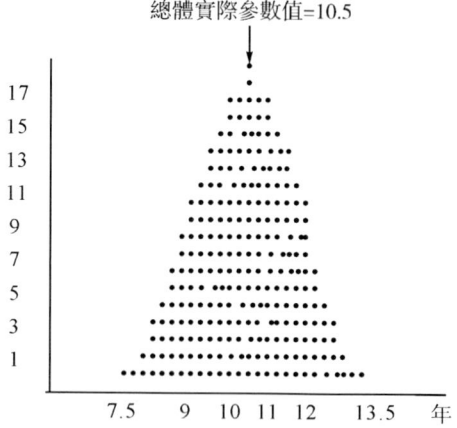

圖1-4 容量為4的樣本的抽樣分佈（N=210）

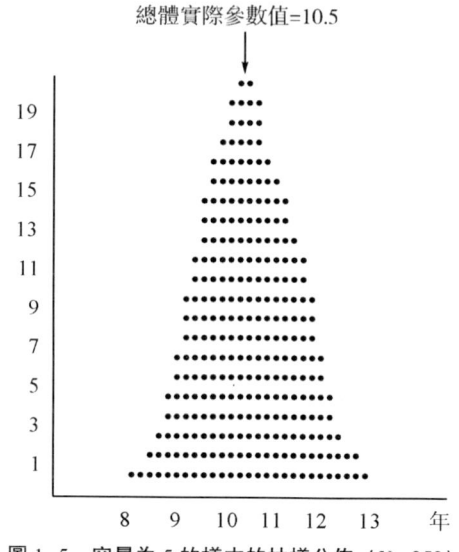

圖1-5 容量為5的樣本的抽樣分佈（N=252）

在概率統計中，有一個對抽樣分佈十分有用的「中心極限定理」。這一定理指出：在一個含有 N 個單位且平均數為 μ、標準差為 σ 的總體中，抽取所有可能含有 n 個單位的樣本，全部可能的樣本數目為 $m = C_N^n = \dfrac{N!}{n!(N-n)!}$。若用 $\overline{X_1}, \overline{X_2}, \cdots, \overline{X_m}$ 來分別表示這 m 個樣本的平均數，那麼，樣本平均數 $\overline{X_i}$ 的分佈將是一個隨 n 越大而越趨於平均數為 μ 和標準差為 $\dfrac{\sigma}{\sqrt{n}}$ 的正態分佈。

這一定理說明：當 n 足夠大時（通常假定大於30），無論總體的分佈如何，其樣本平均數所構成的分佈都趨於正態分佈。它的分佈形狀如圖1-6所示。

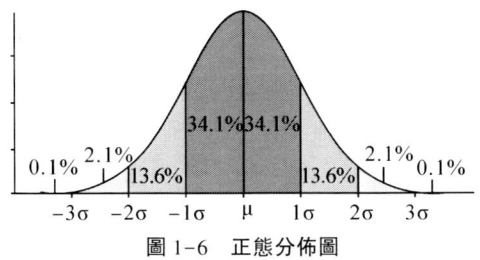

圖1-6　正態分佈圖

這種抽樣分佈具有單峰和對稱的特點，因而其平均數、眾數和中位數都相同。也就是說，圖1-6中的μ既是抽樣分佈的平均數，也是次數最多的值（眾數），而且其兩邊的樣本數相同（即中位數）。還可以證明，全部樣本平均數的平均數正好等於總體的平均數，即有$\frac{\sum_{i=1}^{m} \overline{X_i}}{m} = \mu$；而全部樣本平均數的標準差（稱為標準誤差，記為$SE$）則等於總體標準差除以$\sqrt{n}$，即$SE = \sqrt{\frac{\sum_{i=1}^{m}(\overline{X_i} - \mu)^2}{m}} = \frac{\sigma}{\sqrt{n}}$（證明從略，詳細證明參閱有關概率論與統計學教材）。

更為重要的是，由於平均數的抽樣分佈是正態分佈，其平均數的次數就是正態曲線下的面積。而根據概率統計理論，正態分佈曲線下的任何部分的面積是可以用數學方法推算的。因此，任何兩個數值之間的樣本平均數次數所佔比例是可以求得的。如圖1-6所示，約有68.26%的樣本平均數落在「$\mu \pm SE$」範圍內。類似的，大約有95.46%的樣本統計值落在總體參數值正負2個標準差範圍內，99.76%的樣本統計值落在總體參數值正負3個標準差範圍內。在實際應用中，人們更多是採用下列幾個數字：

有90%落在$\mu \pm 1.65SE$之間（實際情況中，總體標準差σ往往用樣本標準差S代替）；

有95%落在$\mu \pm 1.96SE$之間；

有98%落在$\mu \pm 2.33SE$之間；

有99%落在$\mu \pm 2.58SE$之間。

如果我們將平均數抽樣分佈轉化為標準正態分佈，就得到$Z = \frac{\overline{X} - \mu}{\sigma / \sqrt{n}} \sim N(0, 1)$，$Z$被稱為$X$的標準分數或$Z$分數。前面提到的1.65、1.96、2.33、2.58是幾個特殊的Z分數，分別對應標準正態分佈曲線下的面積為0.9、0.95、0.98、0.99。在實際工作中，人們將標準正態分佈（平均數為0、標準差為1的正態分佈）的Z值與其所對應的標準正態分佈曲線下的面積對應起來，做成表格，方便人們查閱。

4. 假設檢驗

假設檢驗也稱為顯著性檢驗，是研究者從理論或專業知識出發，對研究總體的有

關特徵提出一定的研究假設，通過抽樣調查的方法獲得樣本數據，根據樣本數據的統計結果，從概率的角度對假設的真實性做出判斷，即根據樣本結果證實或推翻總體有關假設的一種推斷統計方法。

為了說明假設檢驗的基本邏輯和原理，我們先看一個案例。

某官員聲稱，某地區生活水平明顯提高，平均人均月收入達到1,200元。某公司打算進入該市場，並對此數據表示懷疑。因此，該公司以抽樣調查的方法去驗證該官員的結論。這次抽樣調查從該地區隨機抽取1,000人，調查結果為平均人均月收入為1,100元，標準差為800元，根據這一調查結果，能否證實或否定該官員的結論？

對於樣本平均數 $\bar{X}=1,100$ 元與總體平均數 $\mu=1,200$ 元之間產生的100元差異的原因是什麼？可以有兩種解釋：

第一種解釋是，總體平均數 μ 確實為1,200元，$\bar{X}$ 與 μ 之間的偏差純粹是偶然誤差導致的。

第二種解釋是，總體平均數 μ 實際上不等於1,200元，而是低於1,200元。

兩種解釋哪一種是正確的？由於總體參數和樣本統計量針對的範圍不一樣，出現偏差是必然的。按照人們的正常思路，如果總體平均數確實為1,200元，那麼，樣本的平均數應該在其附近波動，偏離太大的可能性很小。如果偏離太大了，人們自然會產生懷疑：總體平均數是否等於1,200元？那麼，問題就是：偏差100元是大是小？這個問題可以從概率的角度做出回答。先假定第一種解釋是正確的，即 $\mu=1,200$ 元，在此前提下，計算 $\bar{X}$ 發生的概率。

我們首先計算樣本平均數 $\bar{X}=1,100$ 元所對應的 Z 值：

$$Z = \frac{\bar{X}-\mu}{\sigma/\sqrt{n}} = \frac{1,100-1,200}{\frac{800}{\sqrt{1,000}}} = -3.95$$

通過查表（由於正態分佈圖在 y 軸兩端是對稱的，因此查 $|Z|=3.95$），我們可以查到其對應的標準正態分佈曲線下的面積為0.999,96。這就意味著，如果總體平均數 μ 為1,200元是真實的，抽到樣本平均數 $\bar{X}$ 小於或等於1,100元的可能性只有 1−0.999,96，即0.004%（記為 $P=0.000,04$）。或者說，由偶然因素（抽到極端樣本）導致樣本平均數偏離總體平均數100元的可能性為0.004%。如此小的概率事件在一般情況下是不會發生的，而現在卻竟然發生了。統計分析的邏輯是「小概率事件實際上是不可能發生的」。因此，唯一的合理解釋就是——μ 不是1,200元，應該要小於1,200元，原先的假設是錯誤的。這就是假設檢驗的基本思路。雖然不同種類的假設檢驗涉及的統計量不同，統計量的分佈（抽樣分佈）也不盡相同，由此計算相應概率的公式也各不相同，但是，這種假設檢驗的基本思路，以及對統計結果的解釋方式都是一樣的。

從這一案例的思路中，我們可以歸納出假設檢驗的幾個基本概念。

（1）零假設與研究假設

市場分析的假設檢驗是通過驗證或推翻假設來進行的。在市場分析中，研究者首先給出一個假定：樣本統計值與它所代表的總體參數之間沒有真實的關係，兩者之間

的誤差是偶然誤差，受概率規律支配。這一假設被稱為零假設（Null Hypothesis），或虛無假設，記作 H_0。

研究假設（Research Hypothesis）是研究者做出的與零假設相對立的假設，即樣本統計值與它所代表的總體參數之間有真實的關係，記作 H_1。由於零假設與研究假設是對立的，假設檢驗推翻零假設就意味著接受研究假設，反之亦然。

為了清楚起見，人們往往將零假設和研究假設同時列出，有以下三種形式（其中 a 為常數）：

形式一　　　　形式二　　　　形式三
$H_0: \mu = a$　　$H_0: \mu = a$　　$H_0: \mu = a$
$H_1: \mu > a$　　$H_1: \mu < a$　　$H_1: \mu \neq a$

可見，研究假設有三種形式，即「>」「<」「≠」，其中前兩種又被稱為有方向研究假設，第三種又被稱為無方向研究假設。而零假設只有一種形式，即「=」。研究假設採用何種形式，由研究者根據研究問題確定。

（2）顯著性水平與否定域

在上述例題中，計算得到 $P = 0.000,04$，我們認為這是一個小概率事件，於是推翻了原先的假定（零假設）。這樣，如何界定小概率事件就成了問題的關鍵，或者說，概率小到什麼程度才叫小概率事件？在統計上，人們通常規定概率小於 0.05 或 0.01 的事件叫小概率事件。當計算出的概率 P 大於 0.05 或 0.01 時，接受零假設。反之，拒絕零假設，接受研究假設。這樣，0.05 或 0.01 便成為人們接受或推翻零假設的標準。這個標準稱為顯著性水平（Significance Level）或臨界水平，用 α 表示，上述標準可以寫為 $\alpha = 0.05$ 或 $\alpha = 0.01$。比較常用的顯著性水平還有 $\alpha = 0.1$ 和 $\alpha = 0.001$，具體選哪一個標準，由研究者根據實際的研究問題確定。需要說明的是，顯著性水平與置信水平是一對相對應的概念，置信水平與顯著性水平之和等於 100%。也就是說，當我們確定了顯著性水平，置信水平也就確定了。

顯著性水平 α 在正態分佈圖中所對應的末端區域被稱為否定域，即圖 1-7 中的陰影部分。顯然，否定域與顯著性水平是同一問題的兩種不同的表述方法。否定域是拒絕零假設的區域，顯著性水平是拒絕零假設的標準，否定域的概率就是顯著性水平。

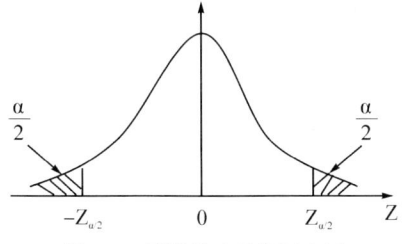

圖 1-7　顯著性水平與否定域

正如前文所述，在標準正態分佈中，當 $\alpha = 0.05$ 時，所對應的標準分數 $Z_{\alpha/2} = 1.96$，當 $\alpha = 0.01$ 時，所對應的標準分數 $Z_{\alpha/2} = 2.58$。這樣，1.96 或 2.58 也同時稱為

接受或拒絕零假設的標準。當 $|Z| > Z_{\alpha/2}$（1.96 或 2.58）時，拒絕零假設，接受研究假設。反之，接受零假設。

(3) 兩端檢驗和一端檢驗

根據否定域在正態分佈圖形中的位置，假設檢驗可以分為兩端檢驗和一端檢驗。所謂兩端檢驗（Tow-tail Test）是指，由顯著性水平構成的否定域（否定零假設所須要的臨界概率）位於正態分佈圖形的兩端，每端的概率為 $\alpha/2$。若 $\alpha = 0.05$，則每一端的概率為 0.025，其對應的標準分數為 ±1.96。一端檢驗（One-tail Test）指否定域位於正態分佈圖形的一端（或是左端，或是右端）。若 $\alpha = 0.05$，查表可知，其對應的標準分數為 ±1.645。參見圖 1-8。

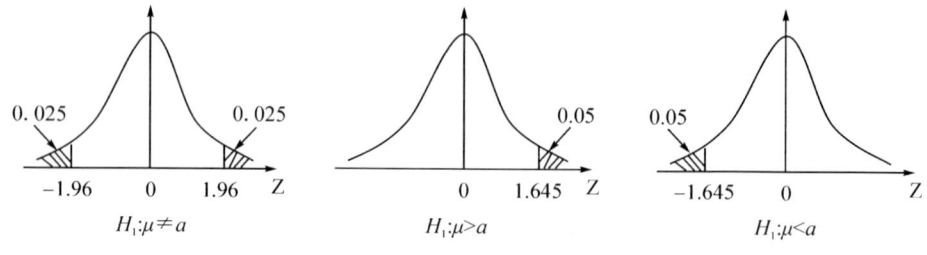

圖 1-8　兩端檢驗與一端檢驗

採用一段檢驗還是兩端檢驗與研究假設直接相關。如果設定的研究假設是 $H_1: \mu \neq a$，說明是兩端檢驗；如果是 $H_1: \mu > a$，則是右端一端檢驗；而 $H_1: \mu < a$，則是左端一端檢驗。

第二章　SPSS 軟件基礎

SPSS 原為英文 Statistical Package for the Social Sciences（即「社會科學統計軟件包」）的首字母縮寫。2009 年，IBM 公司收購統計分析軟件提供商 SPSS 公司后，該軟件全稱改為 Statistical Product and Service Solutions，即「統計產品與服務解決方案」。

SPSS 是一個統計功能極強、內容極其龐大的統計軟件。自 1968 年美國斯坦福大學的研究生 Norman H. Nie 與他的兩位同學 C. Hadlai Hull 和 Dale Bent 合作開發出最早的 SPSS 軟件至今，SPSS 已在通信、醫療、銀行、證券、保險、製造、商業、市場研究、科研、教育等領域和行業被廣泛使用，是當今世界上最流行的統計分析軟件包。SPSS 版本更新速度很快，目前最新版本已更新到 22.0 版。本教程以使用較廣泛的 17.0 版本為依據來介紹 SPSS 的使用方法。

一、SPSS 的使用界面

用 SPSS 打開的數據庫文件有兩個顯示窗口，一個是數據窗口，另一個是變量窗口。在顯示窗口的左下方，有 Data View 與 Variable View 兩個標籤，可以在兩個顯示窗口之間切換。

1. 數據窗口

剛打開 SPSS 數據庫文件時，一般是先進入數據窗口（如圖 2-1）。數據窗口最上面一行是文件名，如圖 2-1 中的「房地產調查. sav」（其中 sav 是 SPSS 數據庫文件的專用擴展名），數據庫文件名后方括號內的「Dataset1」是系統調用文件的代碼。如果你只打開了一個數據庫文件，則只顯示 Dataset1；如果你打開了多個數據庫文件，系統會自動為每一個數據庫文件給定一個代碼，分別按照打開的順序編為 Dataset1、Dataset2、Dataset3 等。數據窗口第二行是主菜單欄，第三行是快捷工具欄。第四行是單元格信息欄，用於顯示活動單元格的坐標和觀測值。

數據窗口的主體部分是一個二維表格。表格的每一列是一個變量（Variable），每列最上面一格的文字是變量名，如圖 2-1 中的「問卷編號」「性別」「出生年份」等。表中的每一行是一個被調查者的全部記錄，稱為一個個案（Case）。表格最左側一列是個案的序號。除了個案序號所在列和變量名所在行之外，表格中的每一個格稱為一個單元格。單元格中的數字或字符稱為一格觀測值，是一個個案在相應變量上的取值。圖 2-1 中所選定的單元格表示第 1 個個案在「問卷編號」這一變量上的取值為 1，這

些信息在單元格信息欄中也被顯示出來。

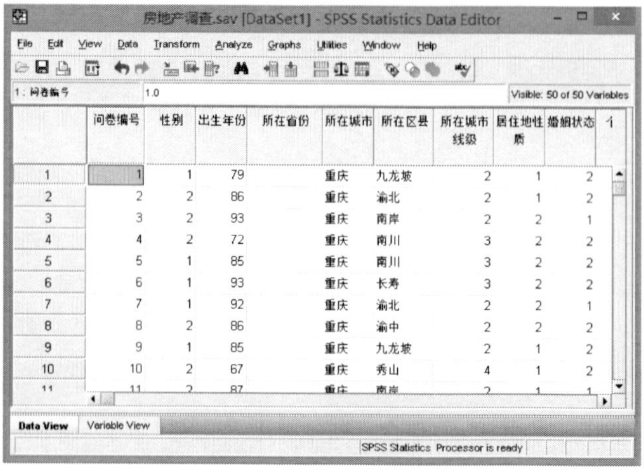

圖 2-1　SPSS 的數據窗口

2. 變量窗口

點擊 Variable View 標籤，就進入了變量窗口，如圖 2-2 所示。變量窗口的作用是讓研究者能比較方便地設置變量和修改變量設置。該窗口最左側的一列是變量的序號，表格中每一行就是一個變量。表中共有 10 列，每一列是一個變量屬性，如圖 2-2 中的「Name」「Type」「Width」等。變量窗口中的單元格對應著該變量的某一屬性的取值。圖 2-2 中所選定的單元格表示第一個變量的名稱為「問卷編號」。

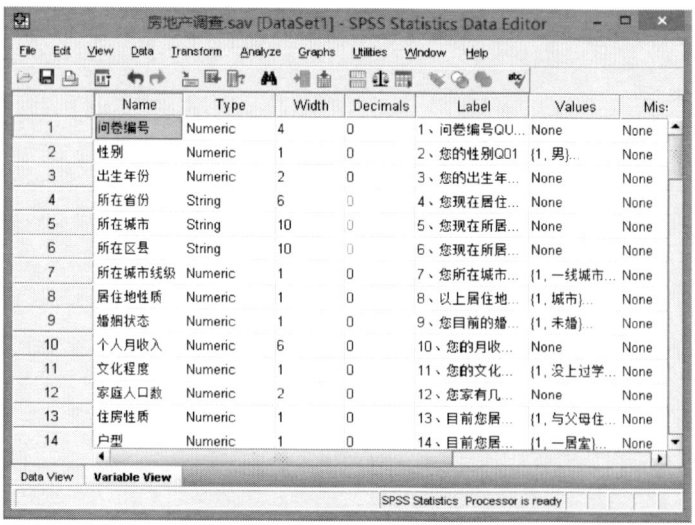

圖 2-2　SPSS 的變量窗口

3. 輸出文件窗口

SPSS 軟件的統計結果都顯示在輸出文件中。輸出文件也是一種 SPSS 文件，擴展名為 spo。圖 2-3 給出了輸出文件的一個實例。輸出文件窗口最上面一行是文件名，其中的「文檔 1」與數據庫文件中的 Dataset1 具有同樣的作用，是打開的輸出文件的臨時代碼。左邊窗口顯示的是輸出文件的大綱。當輸出文件窗口顯示了很多操作的統計結果的時候，通過文件大綱可以幫助人們很方便地找到某一統計結果。右邊窗口上面英文部分顯示的是所執行的命令行，下面的表格是輸出的統計結果。

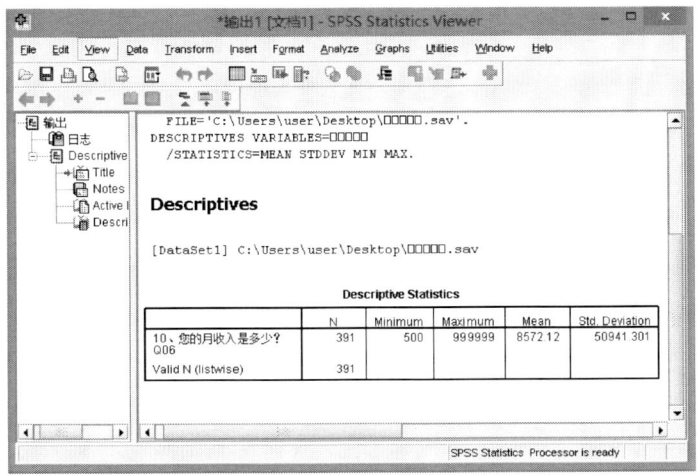

圖 2-3　SPSS 的輸出文件窗口

二、SPSS 的基本操作

對於初學者和一般使用者來說，SPSS 的統計功能主要是通過菜單操作、窗口操作和選項操作來完成的。

1. 菜單操作

不論是在數據窗口還是變量窗口下，窗口第二行都是主菜單欄，共排列了 File（文件）、Edit（編輯）、View（視圖）、Data（數據）、Transform（轉換）、Analyze（分析）、Graphs（圖形）、Utilities（工具）、Windows（視窗）、Help（幫助）等 10 個選項按鈕。點擊按鈕，其下都會出現一個下拉菜單，上面有若干命令。有的命令右邊有一個向右的小箭頭，表明該命令在被選擇後還會展開一個子菜單。如圖 2-4 中 Data 菜單下的 Merge Files 命令展開的子菜單。在本教程中，為了敘述更加清晰和方便，多級命令的連續操作用「→」來表示。圖 2-4 中選擇 Add Cases 命令的操作如下所示：

Data→Merge Files→Add Cases。

其含義是：點擊 Data 按鈕展開下拉菜單，用鼠標選擇 Merge Files 命令以展開子菜單，再點擊 Add Cases 命令。

SPSS 功能很多，命令的總數很大，但對於大多數命令來說，初學者和一般使用者都沒有必要掌握。本教程所涉及的命令主要集中在 Data、Transform、Analyze、Graphs 這 4 個菜單中。其中 Data 菜單中的命令主要是針對數據庫的操作命令，Transform 菜單中的命令主要是針對變量的操作命令，Analyze 菜單中的命令主要是統計方法，Graphs 菜單中的命令主要是製作圖形的操作命令。

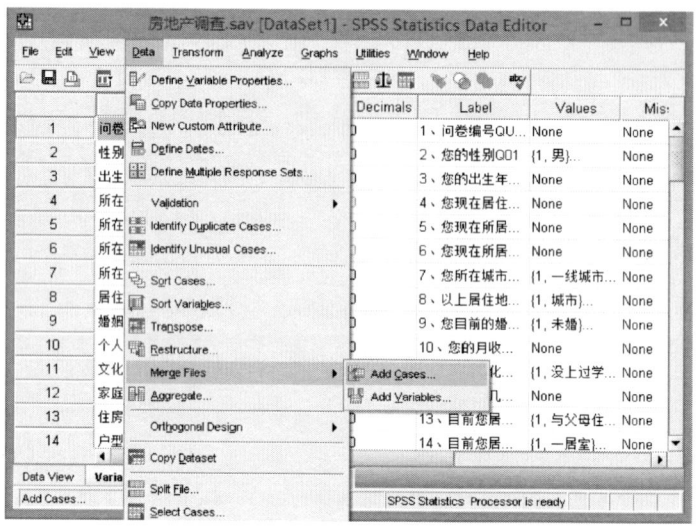

圖 2-4　Data 選項下的下拉菜單

2. 對話框操作

SPSS 的大多數菜單命令只是指出了統計功能實現的路徑，大量的具體操作是在選擇指令後出現的對話框中完成的，所以掌握對話框的操作極為重要。對話框操作主要包括窗口操作、按鈕操作和選項操作。

（1）窗口操作

現以圖 2-5 所示的 Descriptives（描述統計）對話框為例，介紹窗口操作的基本內容。

操作命令：Analyze→Descriptive Statistics→Descriptives，打開 Descriptives 對話框，如圖 2-5 所示。

圖中左側的窗口是源變量窗口，符合所選的統計功能要求的變量都列在該窗口中。右側的窗口是目標變量窗口，選入該窗口的變量是要進行分析的變量。選擇變量的方法是：用鼠標點擊源變量窗口中用於分析的變量（可以是一個，也可以是多個），然后點擊源變量窗口與目標變量窗口之間的箭頭按鈕，被選定的變量就進入了目標窗口中。用同樣的方法，研究者還可以將目標變量窗口中的變量移回源變量窗口。

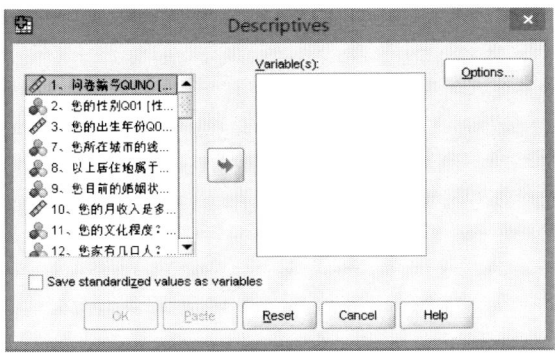

圖 2-5　Descriptives 對話框

（2）按鈕操作

在所有的對話框中，統計功能的最終實現都是通過按鈕操作完成的。圖 2-5 中的 OK、Paste、Reset、Cancel、Help 是所有的對話框中都有的五個基本按鈕。

OK 是運行命令按鈕。研究者做好窗口操作後，OK 按鈕就被激活了。點擊該按鈕即可以運行該命令。

Paste 是執行語句粘貼按鈕。點擊該按鈕後，系統將打開語句編輯窗口，窗口中顯示的是實現該功能的語句。初學者一般不用自己編寫語句程序，所以不用掌握這個按鈕的功能。

Reset 是重置按鈕。點擊該按鈕後，對話框中已經做出的操作和選項將被全部取消，回到初始設置狀態。研究者如果做了錯誤的操作，或想取消已經做出的設置，可點擊此按鈕，然後重新開始設置。

Cancel 是撤銷按鈕。點擊此按鈕，將撤銷目前的對話框操作，回到原工作界面。

Help 是幫助按鈕。點擊此按鈕，可以尋求系統幫助。

除了以上五個基本按鈕外，在不同命令的對話框中還有其他一些按鈕。在后面講到具體命令的對話框時會有詳細介紹。

3. 選項操作

很多 SPSS 命令都需要對大量選項進行設置。有的對話框中既有窗口操作，又有選項操作。而有的對話框由於選項很複雜，可能會需要用二級對話框來進行設置。下面以 Descriptives 對話框中的選項窗口為例，來介紹選項操作。

操作命令：Analyze→Descriptive Statistics→Descriptives，打開 Descriptives 對話框，如圖 2-5 所示。點擊 Options 按鈕，將會出現如圖 2-6 所示的二級對話框。SPSS 的選項有兩種：一種是有圓形標誌的單選框，一種是有方框標誌的多選框。研究者只能在一組單選項中選擇一項，被選中的選項前的圓形標誌上會出現「圓點」用以標示被研究者選中了。圖 2-6 中的 Display Order（顯示順序）就是單選框，Variable list（變量列表）項被選中了。研究者可以在一組多選項中選擇多個選項，被選中的選項前的方框標誌上會出現「√」用以標示被研究者選中了。圖 2-6 中的 Dispersion 就是多選框，

Std. deviation（標準差）、Minimum（最小值）、Maximum（最大值）三項被選中了。

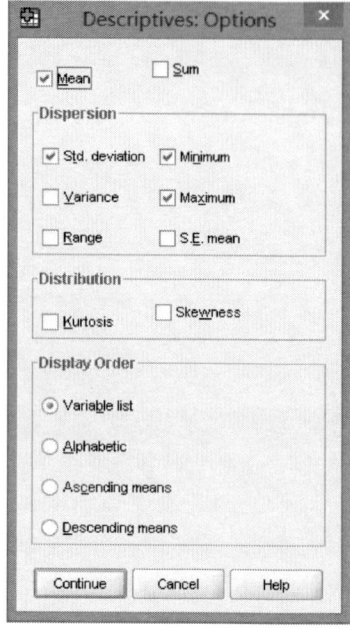

圖 2-6　Descriptives 的二級對話框

三、SPSS 的文件管理

　　SPSS 中新建、打開、保存、另存、關閉數據庫文件的操作與 WORD 文檔的操作基本相同，這裡不再贅述。

第三章　數據庫的建立與數據錄入

在用 SPSS 進行統計分析之前，需要按照調查問卷建立一個相應的數據庫，然後將調查問卷中的數據錄入到數據庫中。

一、數據庫的建立

1. 定義變量

在錄入數據之前首先要定義變量，即將調查問卷中的問題轉化為 SPSS 中的變量。定義變量是通過設置變量屬性來完成的。在 SPSS 軟件中，需要設置的變量屬性有 10 個，如圖 2-2 所示。定義變量的步驟如下：

（1）新建一個數據庫文件

當打開 SPSS 軟件時，系統就已經為研究者自動生成了一個空白的數據庫文件。如果在已打開 SPSS 軟件的情況下新建一個數據庫文件，須要執行的操作命令為：File→New→Data。

（2）定義變量名

點擊 Variable View 標籤進入變量窗口。鼠標點擊 Name 列下的第一行，激活此單元格後輸入變量名。變量名可以輸入中文，也可以輸入英文。變量名的首字符必須是字母或漢字，後邊可以帶字符或數字。但不能包括「？」「！」「＊」等幾個符號，不能用下劃線「＿」和圓點「．」作為變量名的最後一個字符。如果不符合系統命名規範，系統會自動提示。在一個數據庫中，不能有兩個同名的變量。變量名最長可以達到 64 個字節。

（3）定義變量類型

SPSS 中的變量有三種類型：Numeric（數值型）、String 字符型和 Date（日期型）。由於字符型和日期型變量不能參與運算，因此，數據庫中常用變量是數值型變量。數值型變量也是系統默認的變量類型。如果要將變量設置為其他類型的變量，須用鼠標點擊 Type 列下相應單元格，然後點擊單元格右側標註了「…」的按鈕，就會出現如圖 3-1 所示的對話框，在對話框中選擇需要的變量類型，然後點擊 OK 按鈕即可完成設置。

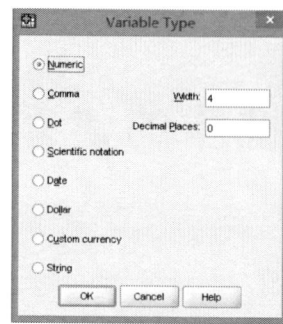

圖 3-1　變量類型設置對話框

（4）定義變量寬度和小數點位置

在 Width 列下面顯示的是系統默認的變量值的寬度。在 Decimals 列下面顯示的是系統默認的小數點位置。如果需要自己定義變量寬度和小數點位置，可用鼠標點擊相應單元格，單元格右側會出現上下兩個方向鍵。點擊向上的方向鍵增加一位小數，點擊向下的方向鍵減少一位小數。研究者也可以直接在單元格中輸入小數點位數。

（5）定義變量名標籤

雖然變量名可以長達 64 個字符（32 個漢字），但變量名過長並不方便研究者使用和理解變量的含義，而且變量名過長會導致在數據窗口中寬度過大。因此，人們往往將變量的變量名設置的短小精干，同時設置變量名標籤來對變量的含義進行解釋和說明。如「房地產調查」數據庫中「面積的重要程度」「價格的重要程度」等，變量名並不能清楚地說明變量的含義。對它們的說明可以放在變量名標籤中。設置的方法就是直接在要設置的變量標籤（Label）的單元格中輸入說明的文字即可。設置好變量名標籤后，在數據窗口，如果研究者不清楚變量的具體含義，只需將鼠標置於變量欄相應位置上，就會出現該變量名的標籤。

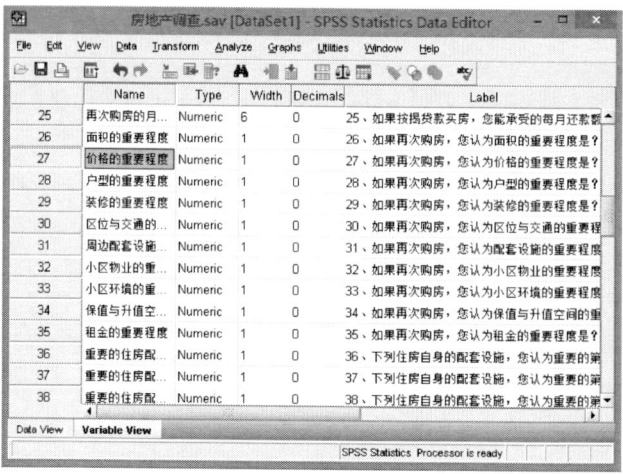

圖 3-2　變量名標籤

（6）定義變量值標籤

對於定類和定序變量，變量的取值是以數字或字符形式出現的，對於每個數字或字符所代表的實際意義分析人員只能通過查看問卷才能清楚地獲悉。這時可以通過設置變量值標籤幫助分析人員方便地獲知變量取值的確切含義。方法是：點擊需要設置變量值標籤相對應的單元格，然后點擊單元格右側標註了「…」的按鈕，出現定義變量值標籤（Value Label）對話框，如圖 3-3 所示。在 Value 輸入欄輸入第一個變量值，在 Label 輸入欄輸入該變量值的標籤。然后點擊 Add 按鈕，輸入的變量值和變量值的標籤將成對地顯示在下面的窗口中。以此類推，將所有變量值的標籤都設置完后，點擊 OK 按鈕完成設置。

當需要修改變量值標籤時，須先進入定義變量值標籤對話框，在最下面的窗口中選擇要修改的值和標籤，在 Label 輸入欄輸入新的標籤即可。也可以點擊 Remove 按鈕，刪除原來的標籤，然后重新設置新的標籤值。

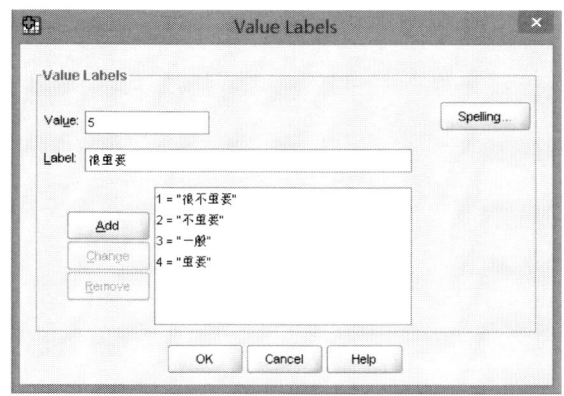

圖 3-3　定義變量值標籤的對話框

（7）定義缺失值

對於一個變量來說，有些取值是合理的，有些取值則由於問卷調查錯誤或者數據錄入錯誤而是不合理的。不合理的數據一旦進入分析中，就會造成統計結果的偏差。這些不合理的取值可以通過定義缺失值的方法來消除。方法是：點擊要設置缺失值變量的相應單元格，然后點擊單元格右側標註了「…」的按鈕，出現定義缺失值對話框，如圖3-4所示。系統默認是沒有缺失值（No missing values）。定義離散缺失值時，研究者可以將具體數值直接輸入到 Discrete missing values（離散缺失值）下的三個輸入框中。系統在進行統計分析時遇到這些數值會作為缺失值處理（統計時予以剔除）。定義缺失值範圍時，點擊 Range plus one optional discrete missing value（範圍加上一個可選離散缺失值），在 Low（低）和 High（高）兩個輸入框中輸入缺失值範圍的最小值和最大值。此外，還可以在 Discrete value（離散值）輸入框中定義一個不包括在缺失值區間內的缺失值。

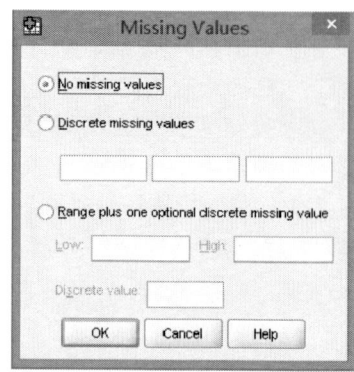

圖 3-4　定義缺失值對話框

（8）定義顯示格式

變量的顯示格式包括顯示寬度和對齊方式兩項內容。

Columns（列）用來設置顯示寬度。系統默認的顯示寬度為 8。如果需要改變顯示寬度，研究者可以用鼠標點擊相應單元格，單元格右側會出現上下兩個方向鍵。點擊向上的方向鍵，顯示寬度增加 1 個單位，點擊向下的方向鍵，顯示寬度減少 1 個單位。研究者也可以直接在單元格中輸入具體的顯示寬度值。

Align（對齊）用來設置變量屬性值的對齊方式。有「右」「左」「居中」可供選擇。研究者可以通過點擊相應單元格右側的箭頭按鈕進行選擇。

（9）設置變量的測量層次

SPSS 中變量的層次有三種，分別是 Nominal（定類變量）、Ordinal（定序變量）和 Scale（尺度變量）。系統默認的變量層次是尺度變量。研究者可以通過點擊相應單元格右側的箭頭按鈕進行選擇。

2. 調查問卷的問題轉換為數據庫的變量時的常見問題

（1）單選題的變量設計

市場調查問卷中的問題以單選題為主。單選題涉及一個問題和若干選項，被調查者在選項中只能選擇一個答案。現以本教程附錄一中的第 5 題為例予以說明。問卷中的問題如下所示：

您目前的婚姻狀況是？

（1）未婚　　（2）已婚　　（3）離異　　（4）喪偶

變量設置步驟如下：

① 定義變量名。一般採用問題的關鍵詞或對問題的精煉短語作為變量名。本例的變量名為「婚姻狀況」。

② 確定變量類型、變量寬度和小數點位數。本例都採用系統默認設置。如果覺得在數據窗口中，數據值帶有小數點不方便閱讀和使用（此例由於沒有小數）也可以將小數位數設為 0。

③ 設置變量名標籤。在相應單元格中直接輸入「被調查者目前的婚姻狀況」。

④ 設置變量值標籤。進入如圖 3-2 所示對話框，逐一定義各變量值的標籤，定義結果如圖 3-5 所示。

⑤ 定義缺失值。考慮到只有 4 個值是有效值，可以將其他值都定義為缺失值。進入如圖 3-4 的對話框，選擇 Range plus one optional discrete missing value 單選項，將「5」輸入到 Low 輸入框中，將「999」輸入到 High 輸入框中，將「0」作為單獨的缺失值輸入到 Discrete value 輸入框中。

⑥ 設置變量的測量層次。婚姻狀況是一個類別變量，點擊相應單元格右側的箭頭按鈕，選擇 Nominal。

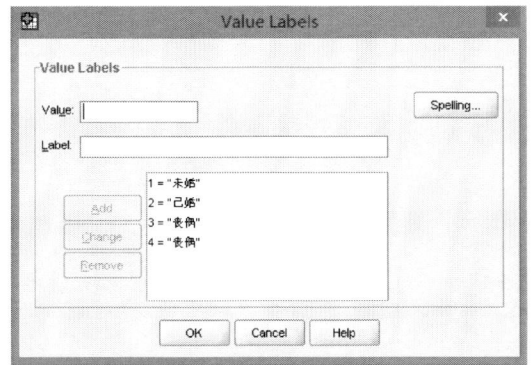

圖 3-5　定義變量值標籤

（2）多選題的變量設計

多項選擇題是提出問題后，要求被調查者在給定的答案中做多項選擇。在 SPSS 中，需要將多選題設計成多變量，即需要被調查者選幾項，就要在數據庫中設計幾個屬性相同的變量。現以本教程附錄一中的第 23 題為例予以說明。問卷中的問題如下所示：

對下列住房自身的配套設施，您認為最重要的是？（最多選三項）

（1）24 小時熱水　（2）停車位　（3）寬帶　（4）有線　（5）水電氣表置於戶外　（6）預留天然氣管道　（7）樓宇對講系統　（8）門禁卡　（9）其他

該問題可以設計成為三個屬性相同的變量。三個變量的變量名分別為「配套設施1」「配套設施2」「配套設施3」。變量名標籤設置為「最重要的住房自身的配套設施」。變量值標籤為「1-24 小時熱水、2-停車位、3-寬帶、4-有線、5-水電氣表置於戶外、6-預留天然氣管道、7-樓宇對講系統、8-門禁卡、9-其他」。缺失值範圍為「10~999」和「0」。變量測量層次選擇 Nominal。其他變量屬性採用系統默認設置。

（3）排序題的變量設計

排序題要求被調查者將各答案按照某種標準排列出次序。在 SPSS 中，也需要將排序題設計成多變量，而且需要排列幾項答案，就要在數據庫中設計幾個屬性相同的變量。例如，某調查問卷要求被調查者根據喜愛程度對佳潔士、高露潔、黑人、冷酸靈 4

個品牌進行排序。我們需要設計4個變量，分別命名為「第一喜愛的品牌」「第二喜愛的品牌」「第三喜愛的品牌」「第四喜愛的品牌」。其他變量屬性設置與多選題相同。

（4）開放問題的變量設計

開放問題沒有提前設計好的答案，而是須要被調查者根據實際情況填寫。由於開放問題沒有預設答案，因此也就沒有辦法預先對答案進行編碼。這就需要我們在數據錄入前，事先將所有被調查者回答的答案羅列出來，並根據這些答案的相近程度進行合併，最后對合併后的答案進行編碼。編碼完成后，開放問題其實就轉換為了普通單選題，然后按照普通單選題的方法進行變量設置即可。

二、數據錄入

將問卷中所有的問題轉化為 SPSS 中的變量，並設計好變量屬性后，就可以錄入數據了。

1. 數據錄入方法

理論上講，我們可以選擇按單元格、按變量、按個案錄入調查問卷中的數據。按單元格錄入數據時，我們用鼠標點擊相應單元格，然后將問卷中對應的答案編碼輸入進去即可。這種方法很靈活，可以不按問卷和問卷問題次序錄入數據，但操作量大，容易出錯，效率較低。

按變量錄入數據時，我們可以用鼠標點擊某變量的第一個個案對應的單元格，錄入第一份問卷的相應問題的答案編碼，然后點擊電腦鍵盤的回車鍵，使活動單元格向下移動，然后再錄入第二份問卷的相應問題的答案編碼，以此類推。直至錄完所有問卷后，再錄入第二個變量。這種方法錄入效率較按單元格錄入要高，但要不斷更換問卷，也比較容易出錯。

實際工作中，我們一般是採用按個案錄入數據的方法。採用這種方法錄入數據時，首先用鼠標點擊該個案最左側變量的單元格，錄入第一個數據，然后按 Tab 鍵或右移鍵向右移動活動光標，依次將該個案所有數據錄入。這種方法錄入效率較高，而且不需要不斷更換問卷。

2. 從其他數據庫導入數據

（1）Excel 數據文件的導入

市場分析所使用的數據庫文件並不一定都是研究者自己做的調查，可能是已有的數據庫。這其中有大量的調查數據是以 Excel 的 xls 文件形式存儲的。如果我們要分析這類數據庫文件，要先將其轉化為 SPSS 數據文件。

操作方法如下：File→Open→Data，打開如圖 3-6 所示的讀取文件對話框。在 Look in 后面的窗口中輸入要導入的 Excel 數據文件地址。在 Files of type 后面的窗口選擇 Excel 文件選項。找到要導入的文件后，使其進入 Filename 窗口。然后點擊 Open 按鈕，

打開如圖 3-7 所示的文件導入對話框。點擊 OK 按鈕，系統會打開新生成的 SPSS 數據文件。

圖 3-6　讀取文件對話框

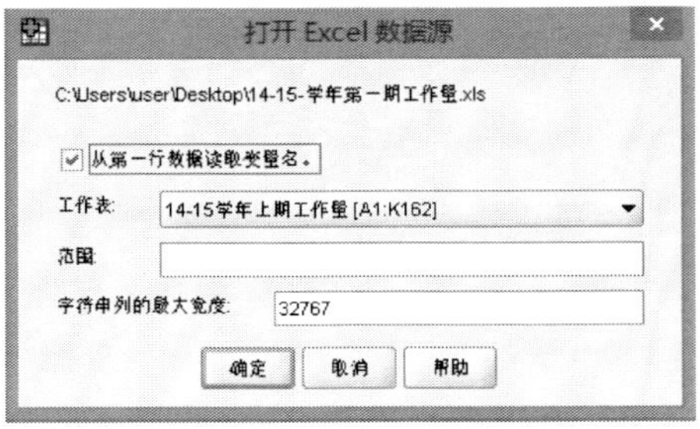

圖 3-7　Excel 文件導入對話框

需要說明的是，SPSS 在讀取 Excel 文件的數據時，默認將 Excel 文件中第一行的內容確定為 SPSS 文件的變量名，如圖 3-7 所示。因此，在導入之前，最好事先將 Excel 文件中的內容調整為與 SPSS 對應的格式，即第一行為變量名，以免導入時出錯。

（2）Epidata 數據文件的導入

在市場調查公司中，廣泛使用 Epidata 作為數據錄入的軟件。因此，在市場分析前需要將 Epidata 的 rec 文件轉化為 SPSS 文件。操作方法如下：

首先用 Epidata 將數據文件導出為 sps 文件，然后打開 SPSS，執行命令 File→Open→Syntax（語法），打開如圖 3-8 的 sps 文件導入對話框。找到要打開的 sps 文件。點擊 Open 按鈕，彈出如圖 3-9 所示的語法編輯器對話框。點擊 Run→All 即可導出數據，最後點擊 File→Save 將數據庫保存為 sav 文件。需要注意的是，在用 Epidata 生成 sps 文件時，還同時生成了一個同名的 txt 文件。在使用 SPSS 打開該文件時，要保證同時生成的 txt 文件在同一個目錄下。

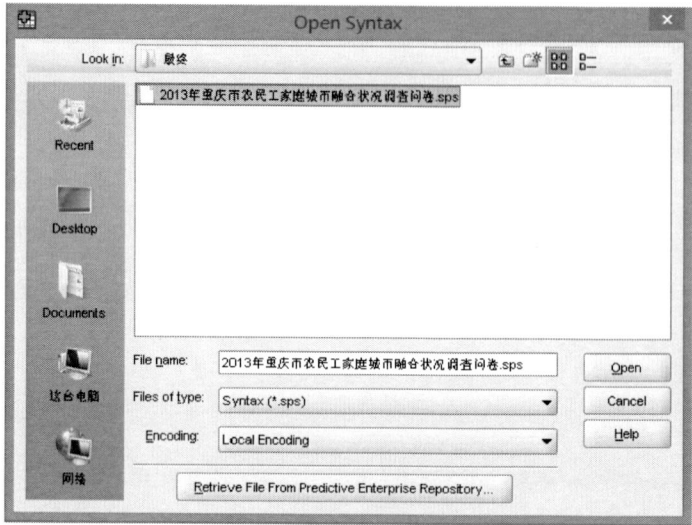

圖 3-8　sps 文件導入對話框

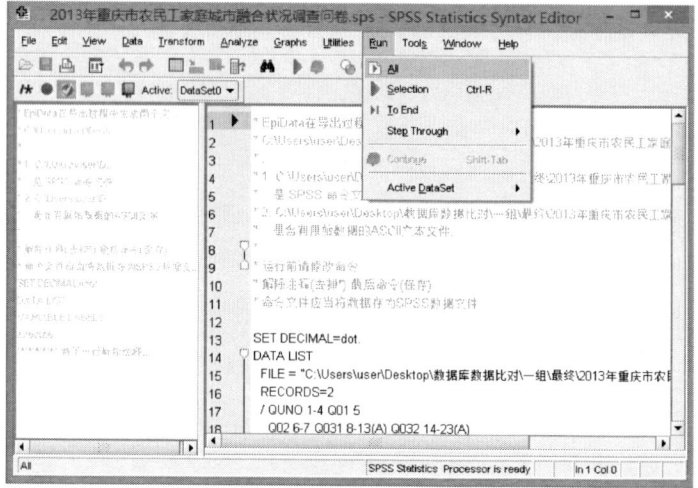

圖 3-9　語法編輯器對話框

第四章　數據預處理

由於不同的統計方法對變量的屬性、測量的層次、數據的分別等有特殊要求，原始數據庫往往不能滿足這些要求。這就需要對數據文件進行整理和再加工，以使變量和數據能符合統計分析的要求。

一、個案的排序與排秩

1. 個案的排序

在對調查數據進行統計分析時，經常會需要按某個變量值對個案進行排序（Sort Cases），如按照年齡大小、收入高低排序等。個案排序的操作方法如下：

① Data→Sort Cases，打開排序個案對話框，如圖 4-1 所示。

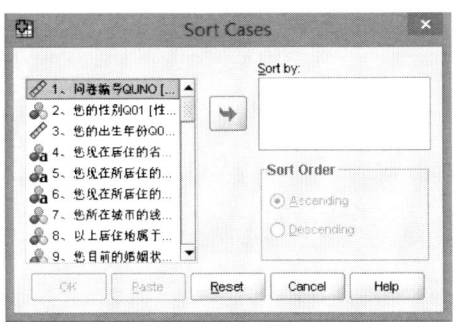

圖 4-1　排序個案對話框

② 從左側的源變量窗口中選擇一個或多個變量作為排序依據，點擊中間的箭頭按鈕，使之進入 Sort by 窗口。

③ 設定排序順序。Sort Order 單選框用來設定排序順序。系統默認為升序（Ascending），即變量值最小的個案排在第一。研究者可以通過點擊 Descending 單選項來依據降序排序個案。如果選擇的是多個變量，系統先按照選擇的第一個變量排序，第一個變量值相等時，按第二個變量排序，依此類推。

④ 點擊 OK 按鈕，提交運行。研究者可以在數據編輯窗口看到重新排序的數據文件。

【實例演示】

對「房地產調查」數據庫中所有個案，按照「性別」和「個人月收入」兩個變量的升序進行排序。

打開數據庫文件「房地產調查」後，執行以下操作：

① Data→Sort Cases，打開如圖 4-1 所示的對話框。

② 從左側的源變量窗口中選擇「性別」和「個人月收入」兩個變量進入 Sort by 窗口中。

③ 在 Sort Order 單選框中選擇 Descending 選項，點擊 OK，提交運行。研究者可以在數據窗口看到重新排序的結果，如圖 4-2 所示。

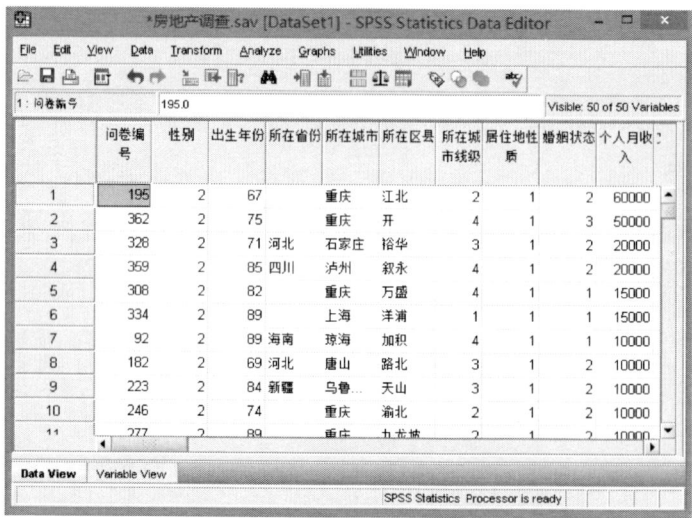

圖 4-2 按「性別」和「個人月收入」排序后的數據庫

【學生練習】

①按照「出生年份」的升序對「房地產調查」數據庫中所有個案進行排序。

②按照「個人月收入」的降序對「房地產調查」數據庫中所有個案進行排序。

2. 個案排秩

【技術要領】

個案排秩（Rank cases）就是將個案進行排序，並將排序的結果生成一個新變量，新變量的取值便是排序后的順序號，即秩。生成的新變量可以在其他的統計分析中使用。個案排秩的操作方法如下：

① Transform→Rank cases，打開個案排秩對話框，如圖 4-3 所示。

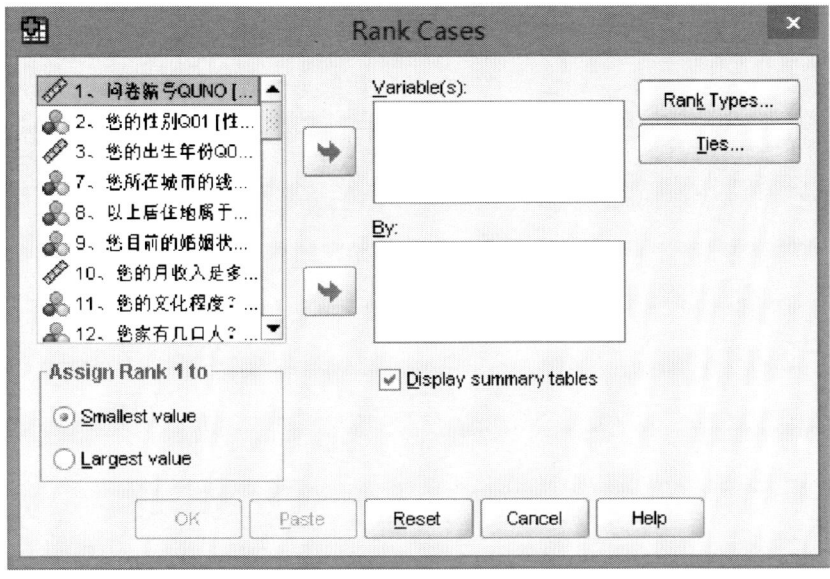

圖 4-3　個案排秩對話框

②從左側源變量窗口中選擇一個或多個變量作為排秩依據，點擊中間的箭頭按鈕，使之進入 Variable（s）窗口。

③ 設定排秩順序。Assign Rank 1 to 單選框用來設定排序順序。系統默認為 Smallest value（將秩 1 指定給最小值），即按照升序來排秩。研究者可以通過點擊 Largest value 單選項，來依據降序排序個案。

④ 確定秩變量的類型。點擊 Rank Types 按鈕，打開如圖 4-4 所示對話框。對話框中的 Rank 是系統默認的選項，即將求得的秩在數據窗口中將建立一個新變量來保存。其他選項對初學者用處不大，此處不做介紹。設置完成后，點擊 Continue 按鈕返回個案排秩對話框。

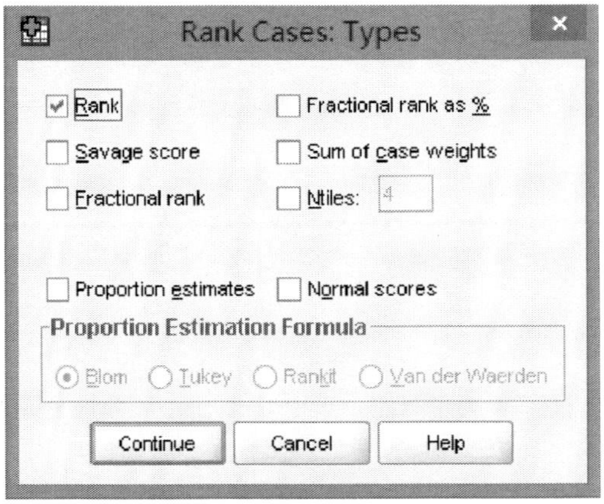

圖 4-4　秩變量類型對話框

⑤ 確定相同值的秩的取值方法。點擊 Ties（同值）按鈕進入如圖 4-5 所示的同值秩的取值方法對話框。該對話框中 Rank Assigned Ties（同值秩取值）單選框中有四個單選項，其含義為：Mean 選項，是指相同值的秩取平均值，此為系統默認選項；Low 選項，是指相同值的秩取最小值；High 選項，是指相同值的秩取最大值；Sequential ranks to unique values 選項，是指對變量的每一個值賦予一個秩，而且秩是連續排列的。設置完成後，點擊 Continue 按鈕返回個案排秩對話框。

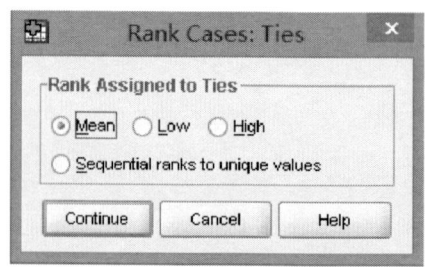

圖 4-5　同值秩的取值方法對話框

⑥ 確定分組排秩的方法。在個案排秩對話框中，在 By 輸入框中可輸入一個或多個變量作為分組變量，系統將按 By 變量分組排秩。

以上操作完成后，點擊 OK 按鈕，提交運行。

【實例演示】

對「房地產調查」數據庫中所有個案，分男、女不同性別對「個人月收入」進行降序排秩，並且要求同值的秩取最小值。

打開數據庫文件「房地產調查」後，執行以下操作：

① Transform→Rank cases，打開如圖 4-3 所示的個案排秩對話框。
② 選擇「個人月收入」變量進入 Variable（s）窗口。
③ 點擊 Largest value 單選項。
④ 點擊 Ties 按鈕，打開如圖 4-5 所示的同值秩的取值方法對話框。選擇 Low 選項後，點擊 Continue 按鈕返回個案排秩對話框。
⑤ 點擊 OK 按鈕，提交運行。

這時，回到數據窗口，研究者就能看到所有變量最后新生成一個以秩為數據內容的新變量，變量名為「R 個人月收入」，如圖 4-6 所示。

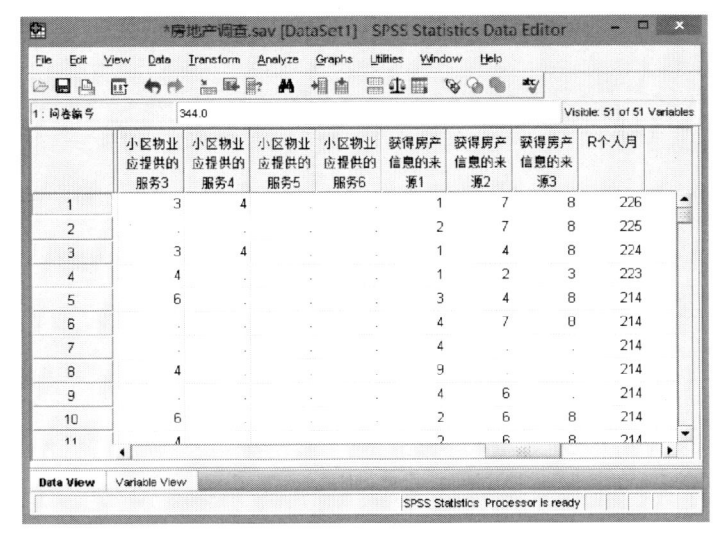

圖 4-6　新生成的秩變量

【學生練習】

①對「房地產調查」數據庫中所有個案，按「出生年份」進行降序排秩，並且要求相同秩取均值。

②對「房地產調查」數據庫中所有個案，按「文化程度」不同對「住房面積」進行升序排秩，並且要求秩是連續排列的。

二、合併文件與分割文件

當研究者需要將多人分別錄入的數據庫匯總成一個完整的數據庫文件，或是對同一批被調查者進行了多次不同內容的調查時，需要用到 SPSS 的合併文件功能。前者需要以增加個案的方式合併文件，后者需要以增加變量的方式合併文件。

1. 增加個案

【技術要領】

增加個案（Add Cases）是指將一個外部數據庫文件中的個案追加到目前正在使用的文件中，但條件是將兩個數據庫文件中具有相同變量名的個案進行合併，也被稱為縱向合併。增加個案的操作方法如下：

① Data→Merge→Add Cases，打開 Add Cases to 對話框，如圖 4-7 所示。

圖 4-7　Add Cases to 對話框

② 選擇要合併的文件。如果研究者已經打開了要合併進來的外部數據庫文件，系統默認的選項是 An open dataset，打開的文件名將出現在選項下的窗口中，點擊要合併的文件名，如圖 4-8 所示。如果要合併的文件沒有被打開，系統默認的選項是 An external SPSS data file，點擊 Browse 按鈕，找到要合併文件，點擊 Open 按鈕，如圖 4-9 所示。

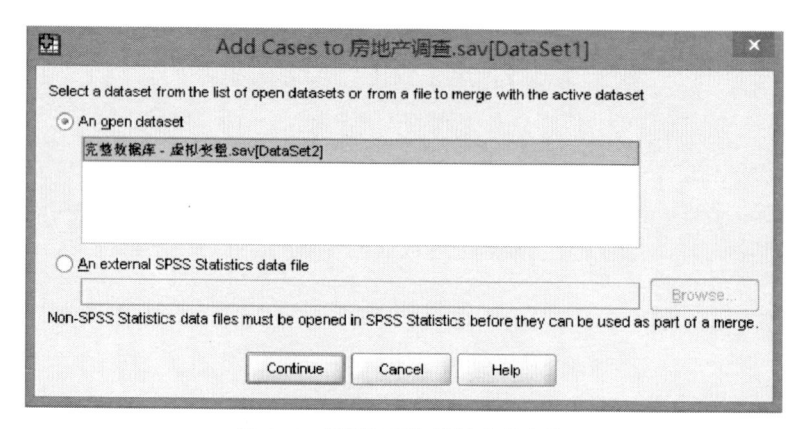

圖 4-8　選擇已經打開的合併文件

圖 4-9　選擇未被打開的合併文件

③ 點擊 Continue 按鈕，打開選擇好的合併文件，系統同時打開如圖 4-10 所示的增加個案對話框。在增加個案對話框中，左側的 Unpaired Variable 是不匹配變量窗口。該窗口中的變量是兩個文件中變量名不同的變量或變量名雖相同而變量設置不相同的變量。執行合併命令后，這些變量在新的數據庫文件中將消失。右側的 Variable in new Active Dataset 是新的數據文件變量窗口，執行合併命令后，該窗口中的所有變量都將在新的數據庫文件中存在。需要說明的是，如果是將多人分別錄入的數據庫匯總成一個完整的數據庫文件（所有的變量設置完全相同），Unpaired Variable 窗口中不應該有任何變量出現。

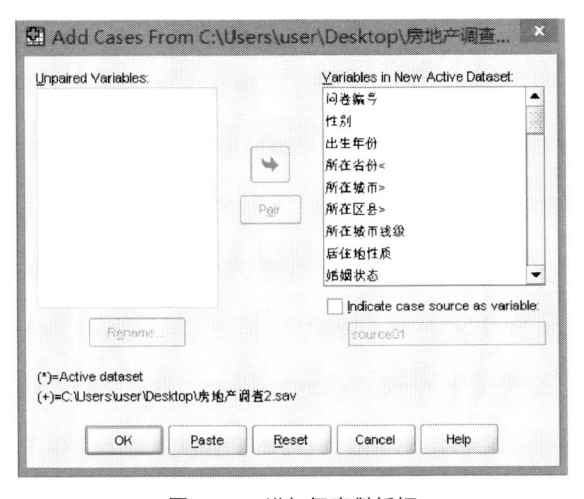

圖 4-10　增加個案對話框

Indicate case source as variable 復選框是用來指明個案來源的選項。如果選擇此項，

執行合併命令后，在合併后的新數據庫文件的最右側將生成一個表示個案來源的新變量。系統默認的變量名是 Source01。該變量的取值為 0 和 1。數值 0 表示該個案來源於原工作數據庫文件，數值 1 表示該個案來源於合併進來的數據庫文件。

④ 點擊 OK 按鈕，提交運行。系統合併生成一個新的數據庫文件。

【實例演示】

將「房地產調查 1」與「房地產調查 2」中的個案合併。

打開數據庫文件「房地產調查 1」后，執行下述操作：

① Data→Merge→Add Cases，打開 Add Cases 對話框，如圖 4-7 所示。

② 在對話框中選擇 An external SPSS data file 選項，點擊 Browse 按鈕，打開如圖 4-9 所示的對話框。找到「房地產調查 2」，點擊 Open 按鈕，返回到選擇合併文件對話框，此時被選中的文件名及其地址顯示在 An external SPSS data file 窗口中。

③ 點擊 Continue 按鈕，打開如圖 4-10 所示的增加個案對話框。在對話框中可以看到，所有變量都是匹配的。

④ 選擇 Indicate case source as variable 選項后，點擊 OK 按鈕，提交運行。研究者可以看到「房地產調查 1」的個案數增加了，而且生成了一個 Source1 變量。如圖 4-11 所示。

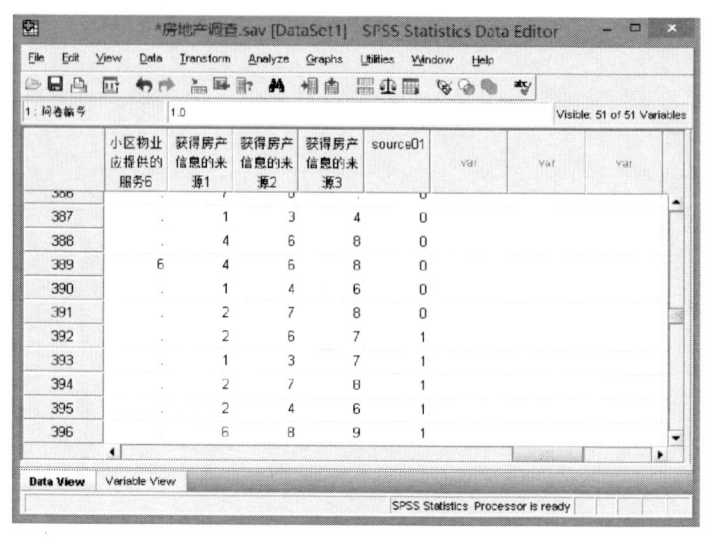

圖 4-11　合併個案后的數據庫文件

2. 增加變量

【技術要領】

增加變量（Add Variables）是將外部數據庫文件的變量增加到當前的工作文件中，也被稱為橫向合併。增加變量的操作方法如下：

① Data→Merge→Add Variables，打開如圖 4-8 和圖 4-9 所示的增加變量對話框。

② 選擇要合併的文件。這一步與增加個案的選擇文件對話框完全相同，方法也相同。

③ 點擊 Continue 按鈕，打開選擇好的合併文件，系統同時打開如圖 4-12 所示的增加變量對話框。Excluded Variables 是拒絕變量窗口。在將要合併的外部數據庫文件中，如果存在與當前工作文件同名的變量，將會被顯示在該窗口中，並且被拒絕添加到合併后的新數據庫文件中。New Active Dataset 是合併后的數據庫文件的變量顯示窗口。該窗口中包括了兩個數據庫文件的變量（被拒絕的變量除外）。該窗口中，被標註了「(*)」后綴的變量表示來源於工作文件；被標註了「(+)」后綴的變量表示來源於外部數據庫文件。

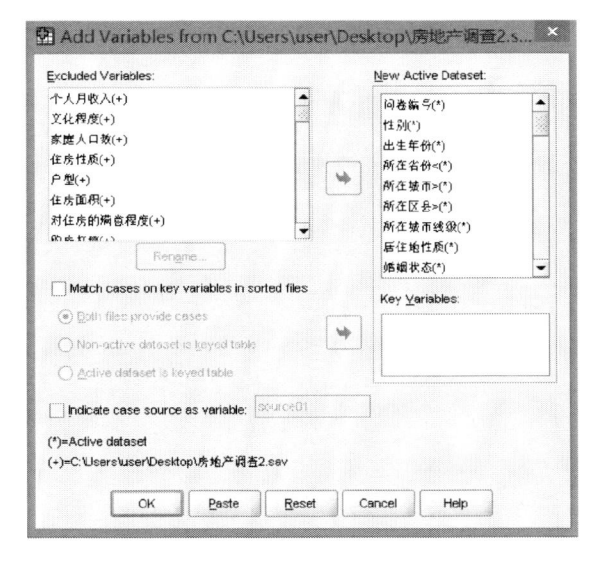

圖 4-12　增加變量對話框

④ 選擇關鍵變量。橫向合併要求合併進來的數據庫文件的個案與原來工作文件的個案一一對應。因此，需要按關鍵變量匹配個案，然后再合併文件。橫向合併需要的關鍵變量要求兩個數據庫文件中都擁有該變量（變量名相同），並且每個個案在該變量上只有唯一取值。

需要注意的是，在按照關鍵變量合併之前，須將兩個數據庫文件按照關鍵變量進行升序排序，並保存。然后點擊 Match cases on key variables in sorted files 按鈕，在 Excluded Variables 窗口中選擇關鍵變量並將其轉入 Key Variables 窗口中。

然后，選擇個案匹配方法：

◆ Both files provide cases 是由兩個數據庫文件共同提供個案的選項。也就是說，如果兩個數據庫文件中的個案數不同，即有些個案在一個文件中存在，在另一個文件中不存在，合併之后，這些個案將被保留在新的數據庫文件中。

◆ Non-Active dataset is keyed table 是以外部數據庫文件為關鍵表的選項。選擇該

項，外部數據庫文件與工作文件在關鍵變量上有相同取值的個案被合併進來，取值不同的個案被舍去。

◆ Active dataset is keyed table 是以工作文件為關鍵表的選項。作用與前項相反。
⑤ 點擊 OK 按鈕，提交運行。

3. 分割文件

【技術要領】

在對數據進行統計分析時，經常要分組分析。如按性別不同來分析產品喜愛程度，按職業不同來分析收入等。分割文件（Split File）可以將數據文件分割成兩個或兩個以上的組，隨後的分析將對每個分組分別進行。分割文件的操作方法如下：

① Data→Split File，打開如圖 4-13 所示分割文件對話框。

圖 4-13　分割文件對話框

② 確定輸出文件的形式：

◆Analyze all cases, do not create groups 是分析全部個案，不建立分組的選項。這是系統的默認狀態。選擇此項並執行后可恢復到未分割前的狀態。

◆Compare groups 是分組對比的選項。選擇此項后，在輸出分析結果時，將各組的分析結果放在一起比較。

◆Organize output by groups 是按分組變量組織輸出選項。選擇此項后，在輸出分析結果時，單獨顯示每一分組的分析結果。

③ 選擇分組變量。Group Based on 是分組變量存放窗口。從左側的源變量窗口中選擇一個或多個分組變量進入 Group Based on 窗口。

④ 選擇文件的排序狀態：

◆Sort the file by grouping variables 是按分組變量的取值對數據文件中的個案進行排序的選項，這是系統默認狀態。選擇該選項並執行后，系統將重新按照分組變量的取

值對數據文件中的個案進行排序。

◆File is already sorted 是數據文件已經排序，系統不再重新排序的選項。

⑤點擊 OK 按鈕，提交運行。

分割文件以後，所有的統計分析都是分組進行的。如果不再需要分組統計了，在分割文件對話框中點擊 Analyze all cases，do not create groups 按鈕即可。

【實例演示】

按照「城市線級」不同，將「房地產調查」數據庫進行文件分割，並要求對統計結果進行分組對比。

打開數據庫文件「房地產調查1」后，執行下述操作：

① Data→Split File，打開如圖 4-13 所示分割文件對話框。

②點擊 Compare groups 單選框。

③從左側的源變量窗口中選擇「城市線級」，點擊箭頭按鈕將其轉入 Group Based on 窗口。

④點擊 OK 按鈕，提交運行。

【學生練習】

①按照「居住地性質」不同，將「房地產調查」數據庫進行文件分割，並要求對統計結果單獨顯示。

②按照「性別」不同，將「房地產調查」數據庫進行文件分割，並要求對統計結果進行分組對比。

三、選擇個案

【技術要領】

在市場分析中，有時只分析一部分個案。比如分析 30~50 歲的中年人的收入、分析受教育水平為初中以下人們的職業分佈等。選擇個案（Select Cases）就是選擇出符合條件的個案進行分析。選擇個案的操作方法如下：

① Data→Select Cases，打開如圖 4-14 所示選擇個案對話框。

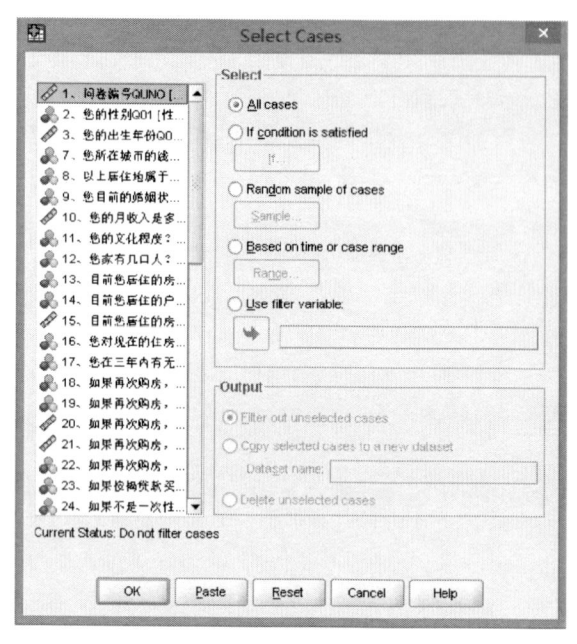

圖 4-14　選擇個案對話框

②確定選擇個案的方法：

◆ All cases 是選擇所有個案。這是系統默認狀態。

◆ If condition is satisfied 是滿足一定條件的選項。選擇此項后，激活 If 按鈕，點擊 If 按鈕，進入個案選擇條件對話框，如圖 4-15 所示。在右上方的窗口中輸入條件表達式。條件表達式中的變量名可以從左側的源變量窗口中選擇，其他符號或數字可以從下方的模板上選擇。條件表達式輸入完后激活 Continue 按鈕，點擊 Continue 按鈕，回到選擇個案對話框。

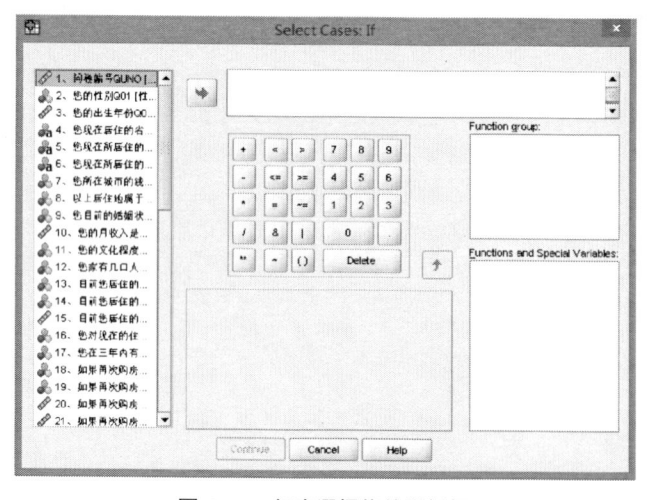

圖 4-15　個案選擇條件對話框

◆Random sample of cases 和 Based on time or case range 都是隨機選擇個案的選項，初學者不必掌握。

◆ Use filter variable 是使用過濾變量的選項。使用過濾變量選擇個案的目的是只選擇有效回答的個案，屬於空缺的個案將被剔除。點擊 Use filter variable 按鈕後，從左側的源變量窗口中選擇一個過濾變量進入 Use filter variable 下面的窗口中，則過濾變量空缺的個案將被剔除。

③ 確定未被選中的個案處理方法。在選擇個案對話框中 Output 是確定未被選中的個案的處理方法的單選框，該框中包括三個選項。研究者選擇除了 All cases 以外的任何選項，Output 選項欄中的三個選項被激活。

◆Filter out unselected cases 是生成過濾變量的選項。選擇此項後，系統在執行完選擇個案的命令後將生成一個新的變量「Filter-＄」，其變量值說明了哪些是被選擇的個案和哪些是未被選擇的個案。未被選擇的個案在數據窗口最左側的個案序號上打上了斜線，以後的分析將只對選擇的個案進行。這也是系統默認選項。

◆ Copy selected cases to a new dataset 是將選擇的個案拷貝成為一個新的數據文件。選擇該選項後，Dataset name 后面的窗口被激活，研究者將新的文件名輸入到該窗口中。

◆ Delete unselected cases 是刪除未選個案的選項。選擇此項後，系統在執行完選擇個案的命令後將刪除未被選擇的個案，數據窗口中只保留被選中的個案。如果沒有特殊需求，建議初學者不要選擇此項，以免數據丟失。

④ 上述選項完成以後，點擊 OK 按鈕，提交運行。

【實例演示】

選擇 1960 年（不包括 1960 年）以前出生的個案。

打開數據庫文件「房地產調查」後，執行下述操作：

① Data→Select Cases，打開如圖 4-14 所示選擇個案對話框。

②點擊 If condition is satisfied 單選框，點擊 If 按鈕，進入個案選擇條件對話框。從左側的源變量窗口中選擇「出生年份」變量轉入右上方的窗口中，點擊下方的模板的「<」按鈕，輸入「60」，如圖 4-16 所示。點擊 Continue 按鈕，回到選擇個案對話框。

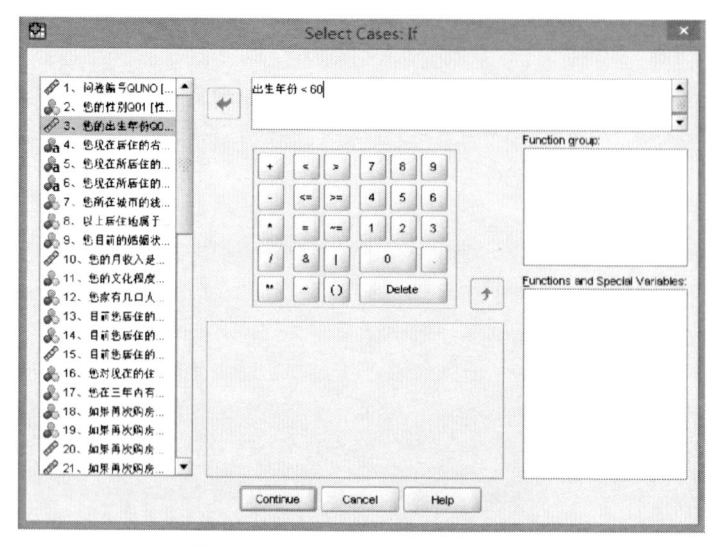

圖 4-16　選擇 1960 年前出生的個案

③ 點擊 OK 按鈕，提交運行。

【學生練習】

① 選擇來自二線城市（「所在城市線級」為 2）的個案。
② 選擇「性別」為女性的個案。

四、重新編碼

【技術要領】

在統計分析時，最初設定的變量的值可能不符合統計分析的要求，這就需要對已經錄入的變量的值進行重新編碼（Recode）。轉換方法有兩種：一是用重新編碼的變量取代原來的變量，命令為 Recode into Same Variables；二是用重新編碼的變量生成一個新變量，命令為 Recode into Same Variables。由於第一種方法會導致原變量的值被刪除，而且不能恢復，因此，我們建議初學者使用第二種方法。這裡只介紹第二種方法。重新編碼為新變量的操作方法如下：

① Transform→Recode into Different Variables，打開重新編碼為新變量的對話框，如圖 4-17 所示。

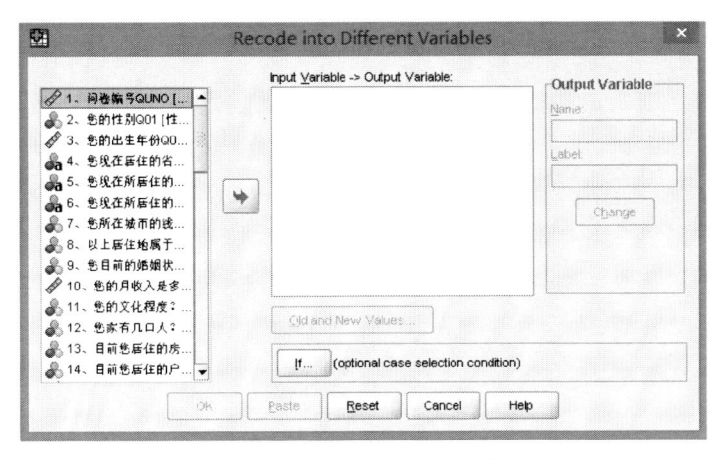

圖 4-17　重新編碼為新變量對話框

②選擇個案。變量的重新編碼可以對全部個案進行，也可以只對一個部分個案進行。如果要選擇個案，點擊對話框中的 If 按鈕，打開條件選擇對話框，如圖 4-18 所示。其中的 Include all cases 是包含了所有個案，這是系統默認選項。如果研究者只對一部分個案進行重新編碼，可以選擇 Include if case satisfies condition 選項，同時激活下面的窗口和按鈕，在窗口中輸入條件表達式。點擊 Continue 按鈕，返回重新編碼為新變量對話框。

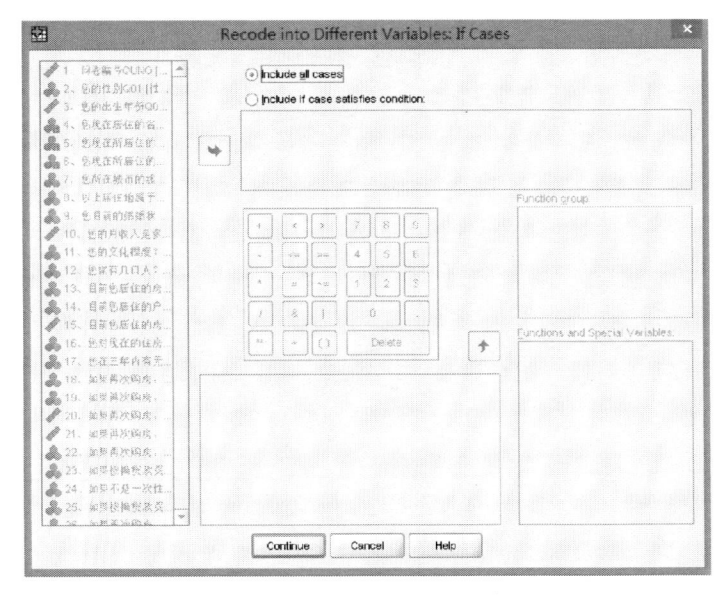

圖 4-18　重新編碼為新變量對話框

③確定重新編碼的變量。從左側的源變量窗口中選擇將要重新編碼的變量進入 Input Variable→Output 下面的窗口中，此時 Name 和 Label 窗口以及 Old and New Values 按鈕被激活。

39

④確定新變量名和標籤。在 Output Variable 欄中的 Name 和 Label 的窗口中分別輸入新的變量名和變量名的標籤，此時 Change 按鈕被激活。點擊 Change 按鈕確認。

⑤ 確定新變量值的轉換方法。點擊 Old and New Values 按鈕，進入新舊變量值轉換對話框，如圖 4-19 所示。該對話框包括三部分：左側的 Old Value 是舊變量值選項欄；右上部分的 New Value 是新變量值選項欄；右下部分的 Old→New 是新舊變量值的轉換窗口。

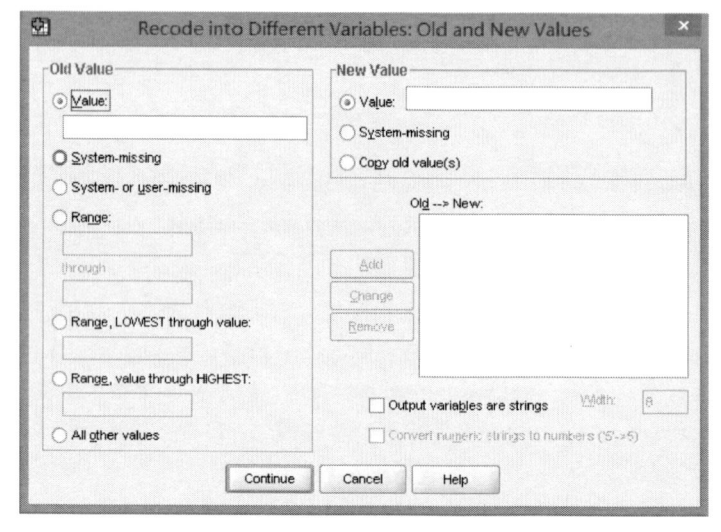

圖 4-19　新舊變量值轉換對話框

如果要轉換的舊變量值是離散數據，且新舊編碼一一對應，則在 Old Value 單選框中選擇 Value，將舊值輸入到 Value 窗口中，然后點擊 New Value 單選框中的 Value 按鈕，再將新值輸入到 Value 窗口中，同時 Old→New 下面窗口的 Add 按鈕被激活。點擊 Add 確認重新編碼結果，新舊編碼的對應值將出現在 Old→New 窗口中。對重新編碼的每一個值都重複上述操作，直至完成所有值的轉換。

如果要轉換的舊變量是連續性的數據，或雖然是離散型數據，但變量的取值範圍很大，而且新變量的一個值對應的是舊變量的一個區間，這實際上是把舊變量按一定的組距劃分成組，每一組對應著新變量的一個值。轉換方式為：首先，點擊 Old Value 單選框中的 Range, LOWEST through value 按鈕，輸入最低組的上限值，然后點擊 New Value 單選框中的 Value 按鈕，再將新值輸入到 Value 窗口中，同時點擊 Add 按鈕。其次，點擊 Old Value 單選框中的 Range 按鈕，同時激活下面的兩個窗口。將表示區間下限的數值輸入到前面的窗口中，將表示區間上限的數值輸入到后面的窗口中，然后點擊 New Value 單選框中的 Value 按鈕，再將新值輸入到 Value 窗口中，同時點擊 Add 按鈕。重複以上操作，直到把所有舊變量的中間組與新變量的新值一一確定。最后，點擊 Old Value 單選框中的 Range, Value through HIGHEST 按鈕，輸入最高組的下限值。然后點擊 New Value 單選框中的 Value 按鈕，再將新值輸入到 Value 窗口中，同時點擊 Add 按鈕。

如果原變量的分佈中有較大的離群值或特異值，無法包含到任何一個分組中時可以在 Old Value 選項欄中選擇 All other values 選項，並在新變量中為其定義一個值。

如果新變量的值與舊變量相同，在 Old Value 單選框中的 Value 窗口中輸入舊變量的值，然後在 New Value 選項欄中選擇 Copy old value（s）選項。

如果新生成的變量是字符串變量，必須選擇 Output Variables are strings 選項，並在 Width 窗口中輸入變量值的寬度，然後按照新舊變量值的轉換方法進行轉換和確認。

完成所有設置后，點擊 Continue 按鈕，返回重新編碼為新變量對話框。

⑥ 點擊 OK 按鈕，提交運行。

【實例演示】

將「出生年份」按照每 10 年一段重新編碼為「出生年代」，並作為新變量保存。

打開數據庫文件「房地產調查」后，執行下述操作：

① Transform→Recode into Different Variables，打開重新編碼為新變量的對話框，如圖 4-17 所示。

② 從左側的源變量窗口中選擇「出生年份」進入 Input Variable→Output 下面的窗口中。

③ 在 Output Variable 欄中的 Name 窗口中輸入「出生年代」，並點擊 Change 按鈕確認。

④ 點擊 Old and New Values 按鈕，進入新舊變量值轉換對話框。點擊 Old Value 單選框中的 Range，LOWEST through value 按鈕，輸入最低組（「30 后」）的上限值——39，然後點擊 New Value 單選框中的 Value 按鈕，再將 1 輸入到 Value 窗口中，同時點擊 Add 按鈕。點擊 Old Value 單選框中的 Range 按鈕，同時激活下面的兩個窗口。將表示「40 后」區間下限的數值——40 輸入到前面的窗口中，將表示該區間上限的數值——49 輸入到后面的窗口中。然後點擊 New Value 單選框中的 Value 按鈕，再將 2 輸入到 Value 窗口中，同時點擊 Add 按鈕。重複以上操作，直到把「50 后」「60 后」「70 后」「80 后」與新變量的新值一一確定。最后，點擊 Old Value 單選框中的 Range，Value through HIGHEST 按鈕，輸入最高組（「90 后」）的下限值——90，然後點擊 New Value 單選框中的 Value 按鈕，再將 7 輸入到 Value 窗口中，同時點擊 Add 按鈕。完成所有設置后，如圖 4-20 所示，點擊 Continue 按鈕，返回重新編碼為新變量對話框。

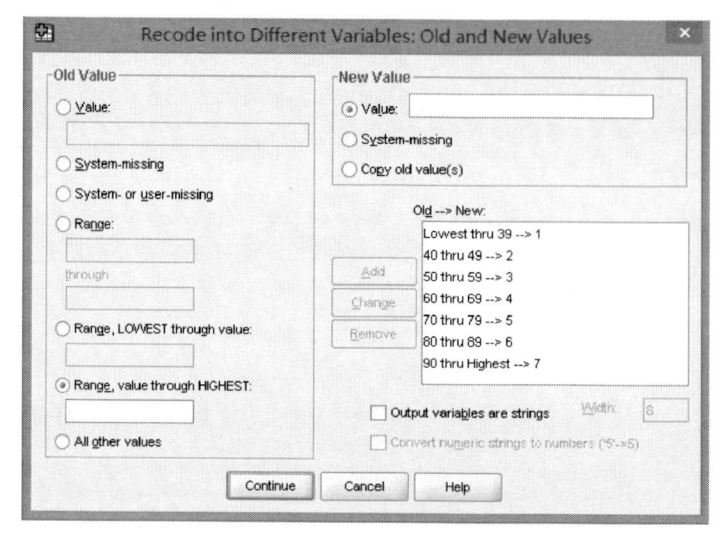

圖 4-20　將「出生年份」重新編碼為「出生年代」

⑤ 點擊 OK 按鈕，提交運行。

【學生練習】

① 將「性別」的編碼由「1-男、2-女」重新編碼為「0-男、1-女」，並為新變量取名為「性別重編」。

② 將「個人月收入」重新編碼為「1-高收入、2-中等收入、3-低收入」的定序變量，並為新變量取名為「個人月收入段」。

五、變量運算

【技術要領】

在市場分析的過程中，我們經常會遇到通過變量之間進行運算生成新變量的情況。這需要運用變量計算（Compute）來實現。變量計算的操作方法如下：

① Transform→Compute Variables，打開如圖 4-21 所示的變量計算對話框。

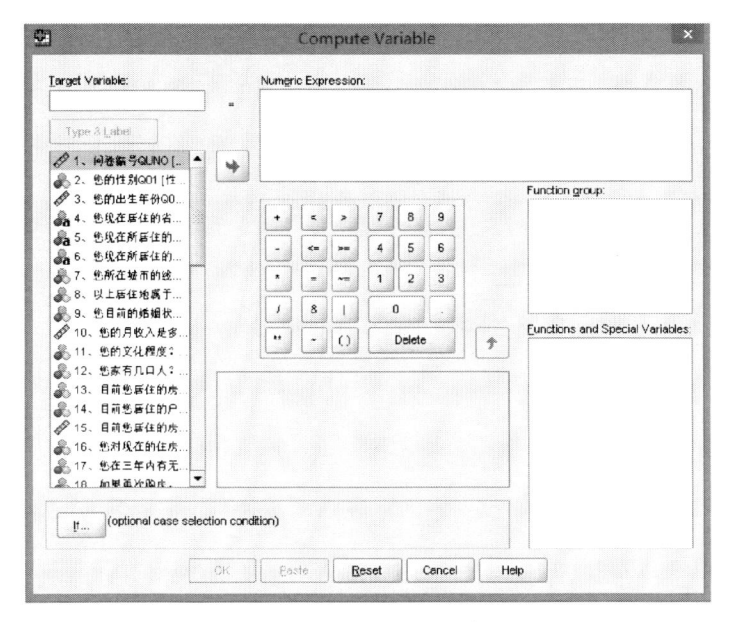

圖 4-21　變量計算對話框

② 確定目標變量名。在 Target Variable 窗口中輸入新變量的變量名，同時下面的 Type & Label 按鈕被激活。點擊該按鈕，打開變量類型和變量名標籤設置對話框，如圖 4-22 所示。對話框中的 Label 單選框中有兩個選項：Label 單選項是輸入變量名稱標籤的選項，研究者可在后面的窗口中輸入變量名的標籤；Use expression as label 是使用計算變量的表達式作為變量名標籤的選項。Type 單選框中也有兩個選項，即數值型變量（Numeric）和字符串型變量（string），系統默認為數值型變量。點擊 Continue 按鈕，返回變量計算對話框。

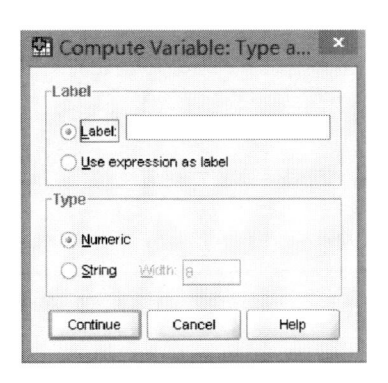

圖 4-22　變量類型和變量名標籤設置對話框

③ 確定變量的計算方法。在 Numeric Expression（數值表達式）窗口中輸入計算變量的數學表達式。

④ 確定條件選項。如果研究者只對變量的一部分取值進行重置，點擊變量計算對

話框中的 If 按鈕，打開條件選擇對話框。該對話框與圖 4-18 所示的完全相同，使用方法也相同。輸入完條件表達式，點擊 Continue 按鈕，返回變量計算對話框。

⑤ 點擊 OK 按鈕，提交運行。

【實例演示】

利用「房地產調查」數據庫中的「家庭人口數」「住房面積」兩個變量計算得出「人均住房面積」變量。

打開數據庫文件「房地產調查」后，執行下述操作：

① Transform→Compute Variables，打開如圖 4-21 所示的變量計算對話框。

② 在 Target Variable 窗口中輸入「人均住房面積」，點擊 Type & Label 按鈕，打開變量類型和變量名標籤設置對話框。點擊 Use expression as label 按鈕。點擊 Continue 按鈕，返回變量計算對話框。

③ 在 Numeric Expression（數值表達式）窗口中輸入「住房面積／家庭人口數」。

④ 點擊 OK 按鈕，提交運行。

【學生練習】

① 利用「房地產調查」數據庫中的「出生年份」計算得出「年齡」變量。

② 利用「房地產調查」數據庫中的「個人月收入」「再次購房能承受的房價」兩個變量，計算得出「房價收入比」變量。

第五章　單變量的描述統計分析

一、頻數分析

【技術要領】

頻數分析（Frequencies）是統計分析中最常用的功能之一，它適用於描述離散型數據，即名義變量（Nominnal）和順序變量（Ordinal）的分佈特徵。頻數分析的統計結果是以頻數分佈表和頻數分佈圖的形式輸出的。頻數分析的操作方法如下：

① Anlyze→Descriptive Statistics→Frequencies，打開如圖 5-1 所示的頻數分析對話框。

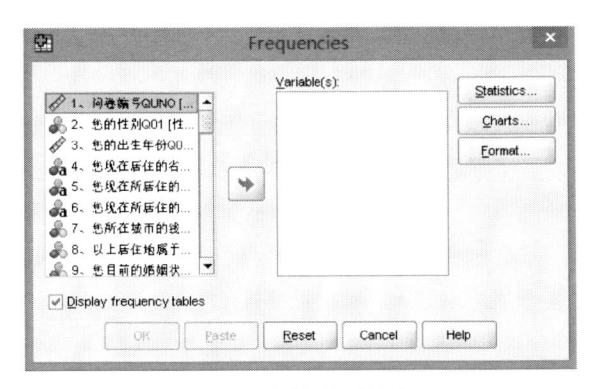

圖 5-1　頻數分析對話框

②確定進行頻數分析的變量。從左側的源變量窗口中選擇一個或多個將要進行的頻數分析的變量，使之進入 Variable（s）窗口內。Display frequency tables 是確定是否在結果中輸出頻數表的選項，系統默認是輸出頻數表。

③選擇統計分析結果。點擊 Statistics 按鈕，打開如圖 5-2 所示的統計分析對話框。

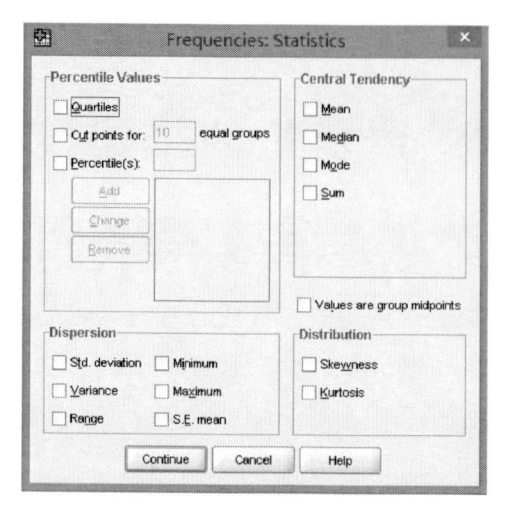

圖 5-2　統計分析對話框

該對話框中包括四個復選框，每個復選框中都包括若干個復選項。當復選項被選中后，將在輸出文件中輸出對應的統計結果。現將各部分解釋如下：

◆Percentile Values 是百分位數復選框，其中 Quartiles 是四分位數；Cut points for 是每隔指定的百分位間距輸出一個百分數的選項，10% 是系統默認值；Percentiles 是直接指定輸出的百分位數。

◆Central Tendency 是集中趨勢復選框，其中 Mean 是平均數，Median 是中位數，Mode 是眾數，Sum 是總和。

◆Dispersion 是離散趨勢復選框，其中 Std. deviation 是標準差，Variance 是方差，Range 是全距，Minimum 是最小值，Maximum 是最大值，S. E. mean 是標準誤。

◆Distribution 是分佈特徵復選框，其中 Skewness 是偏度系數，Kurtosis 是峰度系數。

研究者可根據實際需要，在上述復選框中選擇。設置完成后，點擊 Continue 按鈕，返回頻數分析對話框。

④確定生成的圖形。點擊 Charts 按鈕，打開如圖 5-3 所示的繪圖對話框。

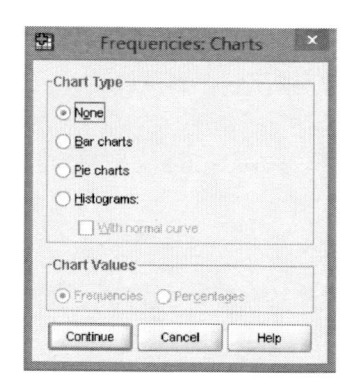

圖 5-3　繪圖對話框

該對話框中有兩個單選框：

◆Chart Type 是統計圖類型單選框，其中 None 是不生成圖，這是系統默認選項；Bar charts 是繪製條形圖；Pie charts 是繪製餅圖；Histograms 是繪製直方圖，而且可以為直方圖加上正態曲線（With normal curve）。

◆Chart values 是作圖數據的單選框。如果選擇了 Bar charts 或 Pie charts，便激活了 Chart values 選項欄。其中 Frequencies 是按頻數作圖，Percentages 是按百分比作圖。

研究者可根據實際需要，在上述單選框中選擇。設置完成后，點擊 Continue 按鈕，返回頻數分析對話框。

⑤確定輸出格式。點擊 Format 按鈕打開如圖 5-4 所示的格式對話框。

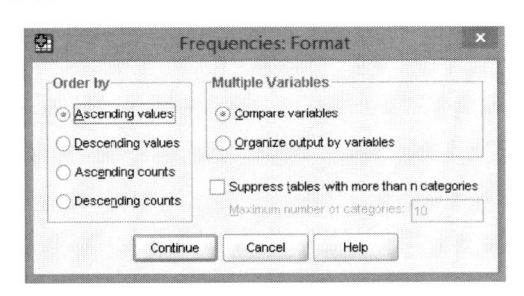

圖 5-4　格式對話框

該對話框中有兩個單選框：

◆Order by 是定義頻數表的排列次序單選框。其中 Ascending valus 是按變量值的升序從小到大的排列，這是系統默認狀態；Descending valus 是按變量值的降序從大到小排列；Ascending counts 是按頻數的升序從小到大排列；Descending counts 是按頻數的降序從大到小排列。

◆Multiple Variables 是多變量單選框。如果選擇了兩個以上變量進行頻數分析，則選擇 Compare variables 單選項。可以將它們的結果在同一個頻數表中輸出顯示。選擇 Organize output by variables 單選項，將結果在不同的輸出表中顯示。

設置完成后，點擊 Continue 按鈕，返回頻數分析對話框。

⑥點擊 OK 按鈕，提交運行。

【實例演示】

「房地產調查」數據庫中，統計「文化程度」的最大值、最小值、眾數，並輸出條形圖。

打開數據庫文件「房地產調查」后，執行下述操作：

① Anlyze→Descriptive Statistics→Frequencies，打開如圖 5-1 所示的頻數分析對話框。

② 從左側的源變量窗口中選擇「文化程度」變量，使之進入 Variable（s）窗口內。

③ 點擊 Statistics 按鈕，打開如圖 5-2 所示的統計分析對話框。點擊 Central

Tendency 單選框中的 Mode 單選項；點擊 Dispersion 單選框中的 Minimum 和 Maximum 單選項。設置完成後，點擊 Continue 按鈕，返回頻數分析對話框。

④點擊 Charts 按鈕，打開如圖 5-3 所示的繪圖對話框。點擊 Chart Type 單選框中的 Bar charts 單選項。設置完成後，點擊 Continue 按鈕，返回頻數分析對話框。

⑤點擊 OK 按鈕，提交運行。

【結果分析】

系統打開 Output 窗口輸出統計結果。表 5-1 是統計概要，表中內容是：有效數據個數為 391 個，缺失值為 0，眾數是 5，最小值為 1，最大值為 8。

表 5-1　統計概要

Statistics

文化程度

N	Valid	391
	Missing	0
Mode		5
Minimum		1
Maximum		8

表 5-2 是頻數分佈表。其中 Frequency 是頻數，Percent 是百分比（以個案總數為分母計算），Valid Percent 是有效百分比（以有效個案總數為分母計算），Cumulative Percent 是累計百分比。

表 5-2　　　　　　　　文化程度的頻數分佈表

文化程度

		Frequency	Percent	Valid Percent	Cumulative Percent
Valid	沒上過學	1	0.3	0.3	0.3
	小學	33	8.4	8.4	8.7
	初中	80	20.5	20.5	29.2
	高中/中專/職高	102	26.1	26.1	55.2
	大專	61	15.6	15.6	70.8
	本科	101	25.8	25.8	96.7
	研究生以上	13	3.3	3.3	100.0
	Total	391	100.0	100.0	

文化程度

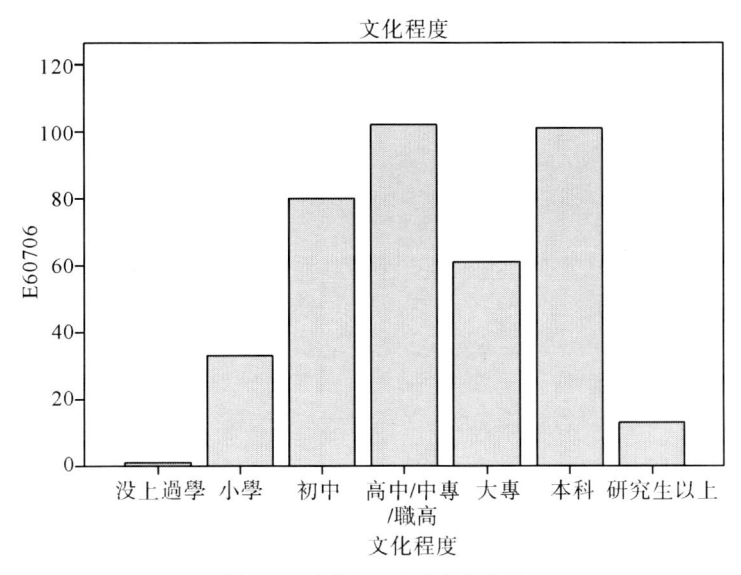

[圖：文化程度頻數分佈條形圖，橫軸為沒上過學、小學、初中、高中/中專/職高、大專、本科、研究生以上]

圖 5-5　文化程度的頻數分佈圖

統計結果出來以後，並不意味著統計分析任務完成了。市場研究的統計分析過程其實可以分為兩個部分——統計和分析。統計過程屬於操作技術層面，可以交給計算機和軟件完成。而對統計結果的分析和解讀則只能由研究者來完成。一般來說，對統計結果的分析和解讀包括統計層面和社會層面。前者主要說明統計數據的關係、統計指標的含義、統計結果的意義等；后者則是進一步分析統計數據、指標和結果背後的社會經濟意義，以及對出現這一結果的社會經濟原因的探究。比如上例，我們通過對統計結果的解讀，可以做出如下分析：該地區消費者沒上過學的只有 1 人，占所有被調查者的 0.3%；小學文化程度的有 33 人，占 8.4%；初中文化程度的有 80 人，占 20.5%；高中文化程度的有 102 人，占 26.1%；大專文化程度的有 61 人，占 15.6%；本科文化程度的有 102 人，占 25.8%；研究生以上文化程度的有 13 人，占 3.3%。也就是說，大學以上文化程度的人占所有被調查者的近一半（44.8%），而沒有接受完義務教育的只占 8.7%。可見，該地區消費者普遍文化程度較高。究其原因，是由於該地區具有重視教育的傳統。加之，改革開放以來，該地區社會經濟快速發展、人們生活水平提高較快，對孩子教育投資投入較多。

【學生練習】

①打開「房地產調查」數據庫，對不同「戶型」的消費者進行頻數統計，作出餅圖，並對統計結果進行分析解讀。

② 打開「房地產調查」數據庫，統計高（15,000 元/月以上）、中（5,000－15,000 元/月）、低（5,000 元/月以下）收入的消費者的頻數、頻率，作出條形圖，並對統計結果進行分析解讀。

二、描述統計

【技術要領】

描述（Descriptives）是對變量的統計描述，它適用於尺度變量。描述是將描述統計的各個統計量作為分析結果輸出。描述分析的操作方法如下：

① Analyze→Descriptive Statistics→Descriptives，打開如圖5-6所示的描述統計對話框。Save standardized values as variables是將原始數據的標準分存為新變量的選項。選擇該項以後，系統將原始數據的標準分作為變量取值生成一個新變量。

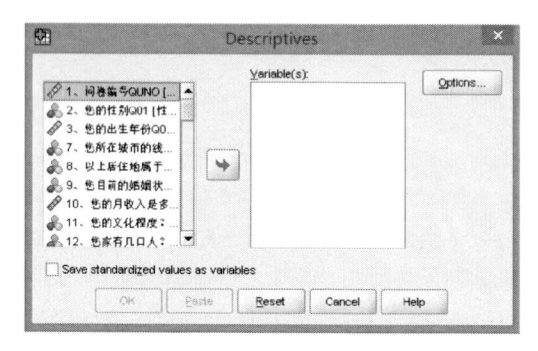

圖5-6　描述統計對話框

② 選擇進行描述統計的變量。從左側的源變量窗口中選擇一個或多個將要進行描述統計的變量，使之進入到Variable（s）窗口中。

③ 選擇描述統計的內容。點擊Options按鈕，打開如圖5-7所示的描述統計選項對話框。該對話框中的許多統計量均與頻數分析相同。系統默認輸出平均值、標準差、最大值和最小值。

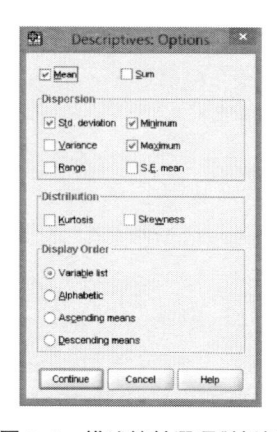

圖5-7　描述統計選項對話框

當研究者選擇了多個變量進行描述時，Display Order 是確定輸出統計結果排列順序的單選框。各單選項的含義是：

◆ Variable list 是將輸出的統計結果按變量順序列表。這是系統默認的選項。
◆ Alphabetic 是將輸出的統計結果按字母順序列表。
◆ Ascending means 是將輸出的統計結果按平均值的升序順序列表。
◆ Descending means 是將輸出的統計結果按平均值的降序順序列表。

設置完成后，點擊 Continue 按鈕，返回描述統計對話框。

④ 點擊 OK 按鈕，提交運行。

【實例演示】

「房地產調查」數據庫中，統計「住房面積」變量的平均值、方差、標準差、全距。

打開數據庫文件「房地產調查」後，執行下述操作：

① Analyze→Descriptive Statistics→Descriptives，打開如圖 5-6 所示的描述統計對話框。

② 從左側的源變量窗口中選擇「住房面積」，使之進入到 Variable（s）窗口中。

③ 點擊 Options 按鈕，打開如圖 5-7 所示的描述統計選項對話框。選擇 Mean、Std. deviation、Variance、Range 復選項。點擊 Continue 按鈕，返回描述統計對話框。

④ 點擊 OK 按鈕，提交運行。

【結果分析】

表 5-3 是呈現統計結果的描述統計分析表。表中所有統計指標在頻數分析中都已做過介紹，不再贅述。

表 5-3　　　　　　　　　　描述統計分析表

Descriptive Statistics

	N	Range	Mean	Std. Deviation	Variance
15. 目前您居住的房子面積是？Q11	391	989	96.80	68.140	4,643.086
Valid N（listwise）	391				

從統計結果可看到，該地區居民住房面積較大，達到了 96.8 平方米/戶，但標準差和全距較大，說明該地區居民居住條件差距較大。

【學生練習】

① 打開「房地產調查」數據庫，統計「個人月收入」變量的平均值、標準差、最大值、最小值，並對統計結果進行分析解讀。

② 打開「房地產調查」數據庫，統計「再次購房的首付款」變量的平均值、標準差、最大值、最小值，並對統計結果進行分析解讀。

第六章　交叉列表與等級相關分析

一、交叉列表分析

【技術要領】

交叉列表分析（Crosstabs）是對兩個變量之間關係進行分析的方法。被分析的變量可以是名義變量也可以是順序變量。系統對兩個變量進行交叉列表分析后生成交叉表和輸出卡方檢驗結果。交叉列表分析的操作方法如下：

①Analyze→Descriptive Statistic→Crosstabs，打開如圖 6-1 所示的交叉列表分析對話框。

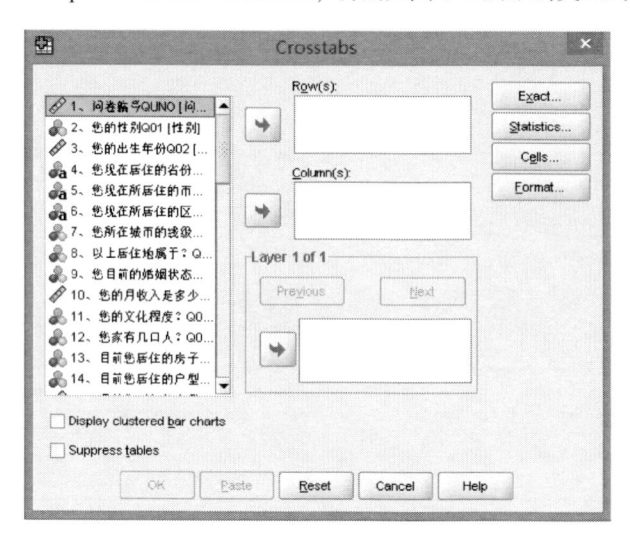

圖 6-1　交叉列表分析對話框

②確定交叉列表分析的變量。從左側的源變量窗口中選擇兩個名義變量或順序變量分別進入 Row（s）窗口和 Column（s）窗口。Display clustered bar charts 是在輸出結果中顯示聚類條形圖。Suppress table 是隱藏表格，如果選擇此項，將不輸出交叉表。

③選擇統計分析內容。點擊 Statistics 按鈕，打開交叉分析的統計對話框，如圖 6-2 所示。對話框中選項較多，對於初學者來說常用並需要掌握有三個復選框：

◆Chi-square 是卡方值選項，用以檢驗行變量和列變量之間是否獨立。適用於兩個名義變量（定類變量）或一個名義變量一個順序變量（定序變量）之間的相關性分析。

◆ Correlations 是相關係數的選項，用以測量變量之間的線性相關。適用於兩個順序變量或兩個尺度變量之間關係的分析。選擇該項，系統會輸出 Pearson's R（皮爾遜相關係數）和 Spearman Correlation（斯皮爾曼等級相關係數）。

◆ Ordinal 順序變量復選框的 Gamma 復選項，用於分析兩個順序變量的等級相關。

此對話框的其他選項，初學者可以不用掌握。設置完成後，點擊 Continue 按鈕，返回交叉列表分析對話框。

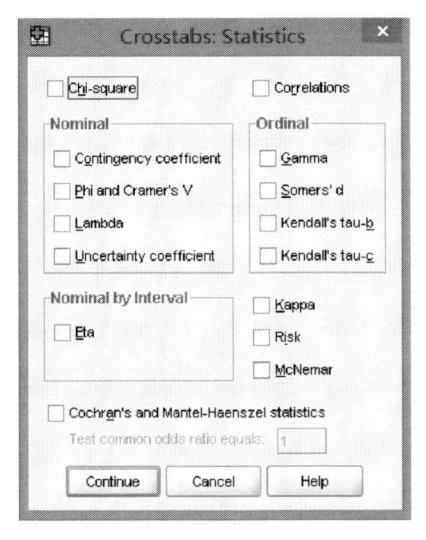

圖 6-2　交叉分析的統計對話框

④ 確定輸出的交叉表內單元格值的選項。點擊 Cells 按鈕，打開交叉分析單元格設置對話框，如圖 6-3 所示。

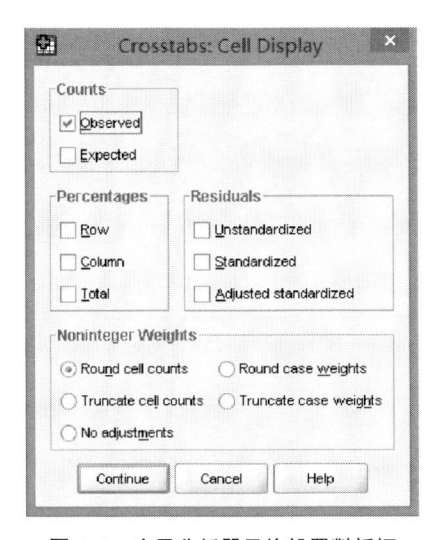

圖 6-3　交叉分析單元格設置對話框

◆Counts 是單元格的頻次復選框。Observed 是輸出觀測值的頻次，這也是系統默認選項；Expected 期望頻次。

◆Percentages 是確定輸出百分比的復選框。Row 是以行總數為分母計算百分比；Column 是以列總數為分母計算百分比；Total 是以個案總數為分母計算百分比。

◆Residuals 是確定殘差的復選框，Noninteger Weights 是非整數加權復選框，對初學者用處不大，不作介紹。

設置完成后，點擊 Continue 按鈕，返回交叉列表分析對話框。

⑤ 確定交叉表的行順序。點擊 Format 按鈕，打開交叉分析格式設置對話框，如圖 6-4 所示。在該對話框中可以選擇的輸出的交叉表中行的排列是升序還是降序。系統默認是升序。設置完成后，點擊 Continue 按鈕，返回交叉列表分析對話框。

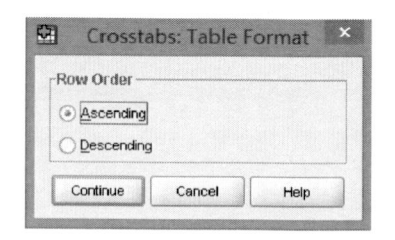

圖 6-4 交叉分析格式設置對話框

⑥ 點擊 OK 按鈕，提交運行。

【實例演示】

對「房地產調查」數據庫中的「戶型」與「家庭人口數」進行交叉列表分析，並進行卡方檢驗。

打開數據庫文件「房地產調查」后，執行下述操作：

① 由於「家庭人口數」是尺度變量，因此，在交叉分析前須對其進行重新編碼。Transform→Recode into Different Variables，打開重新編碼為新變量的對話框，如圖 4-17 所示。

② 從左側的源變量窗口中選擇「家庭人口數」變量進入 Input Variable→Output 下面的窗口中。

③ 在 Output Variable 欄中的 Name 窗口中輸入「家庭人口數段」，並點擊 Change 按鈕確認。

④ 點擊 Old and New Values 按鈕，進入新舊變量值轉換對話框。點擊 Old Value 單選框中的 Range, LOWEST through value 按鈕，輸入最低組的上限值——3。然后點擊 New Value 單選框中的 Value 按鈕，再將 1 輸入到 Value 窗口中，同時點擊 Add 按鈕。點擊 Old Value 單選框中的 Range 按鈕，同時激活下面的兩個窗口。將表示中間組下限的數值——4 輸入到前面的窗口中，將中間組上限的數值——5 輸入到后面的窗口中。然后點擊 New Value 單選框中的 Value 按鈕，再將 2 輸入到 Value 窗口中，同時點擊 Add 按鈕。點擊 Old Value 單選框中的 Range, Value through HIGHEST 按鈕，輸入最高

組的下限值——6。然后點擊 New Value 單選框中的 Value 按鈕，再將 3 輸入到 Value 窗口中，同時點擊 Add 按鈕。完成所有設置后，如圖 6-5 所示。點擊 Continue 按鈕，返回重新編碼為新變量對話框。

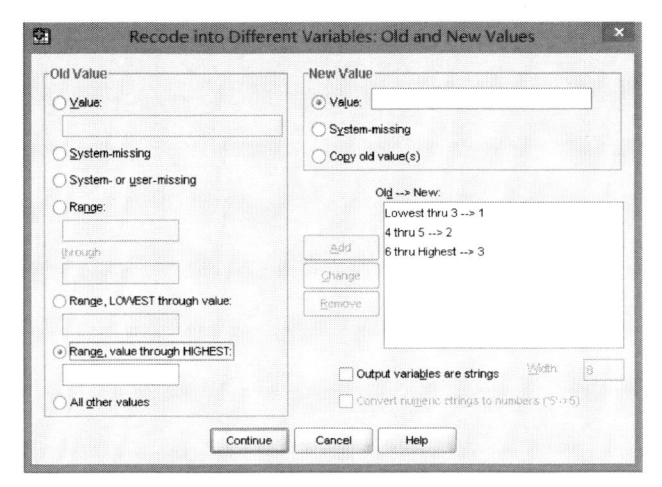

圖 6-5　將「家庭人口數」重新編碼為「家庭人口數段」

⑤點擊 OK 按鈕，提交運行。

⑥Analyze→Descriptive Statistic→Crosstabs，打開如圖 6-1 所示的交叉列表分析對話框。從左側的源變量窗口中選擇「家庭人口數段」和「戶型」兩個變量分別進入 Row（s）窗口和 Column（s）窗口。

⑦點擊 Statistics 按鈕，打開交叉分析的統計對話框，如圖 6-2 所示。點擊 Chi-square 復選項。點擊 Continue 按鈕，返回交叉列表分析對話框。

⑧點擊 Cells 按鈕，打開交叉分析單元格設置對話框，如圖 6-3 所示。點擊 Percentages 復選框的 Row 選項。點擊 Continue 按鈕，返回交叉列表分析對話框。

⑨點擊 OK 按鈕，提交運行。

【結果分析】

表 6-1 是交叉分析統計概要，表中數據表明，參與本次操作的有效個案數為 391 個，缺失值為 0。

表 6-1　　　　　　　　　交叉分析統計概要
Case Processing Summary

	Cases					
	Valid		Missing		Total	
	N	Percent	N	Percent	N	Percent
家庭人口數段 * 14. 目前您居住的戶型是？Q10	391	100.0%	0	0	391	100.0%

55

表 6-2 是「家庭人口數段」與「戶型」的交叉分析表。系統會在交叉分析表的單元格中輸出頻數（Count）和百分比（row % of）兩個數字。一般來說，數據資料的分佈狀況和內在結構只能通過分析各單元格內的百分比數字的變化規律來發現。從表 6-2 我們可以發現，隨著家庭人口數的增加，居住小戶型（二居室以下）的比例在減少，而居住大戶型（三居室以上）的比例在增加。也就是說，「家庭人口數」對「戶型」有顯著影響。究其原因，可能是家庭人口越多，對房屋空間的需求越大，從而會促使人們購買多居室的房屋。

表 6-2　　　　　　　　「家庭人口數段」與「戶型」的交叉分析表
（家庭人口數段 * 14. 目前您居住的戶型是？Q10 Crosstabulation）

			一居室	二居室	三居室	四居室	五居室以上	Total
家庭人口數段	1.00	Count	30	83	78	11	5	207
		row % of 家庭人口數段	14.5%	40.1%	37.7%	5.3%	2.4%	100.0%
	2.00	Count	27	42	64	18	9	160
		row % of 家庭人口數段	16.9%	26.3%	40.0%	11.3%	5.6%	100.0%
	3.00	Count	3	1	11	5	4	24
		row % of 家庭人口數段	12.5%	4.2%	45.8%	20.8%	16.7%	100.0%
Total		Count	60	126	153	34	18	391
		row % of 家庭人口數段	15.3%	32.2%	39.1%	8.7%	4.6%	100.0%

表 6-3 是交叉分析的卡方檢驗表，表中的 Pearson Chi-Square 是皮爾遜卡方值，Value 是統計值，df 是自由度，Asymptotic Significance 是顯著性水平（P 值）。Likelihood Ratio 等其他三項輸出內容初學者不必掌握。

卡方檢驗結果表明，皮爾遜卡方值為 30.593，其顯著性水平已經達到 0.000，小於 0.05 的臨界值，說明在總體中不同人口數的家庭在居住戶型上有顯著差異，即表 6-2 中表現出來的規律性在統計上被驗證了。

表 6-3　　　　　　　　交叉分析的卡方檢驗表
Chi-Square Tests

	Value	df	Asymptotic Significance
Pearson Chi-Square	30.593[a]	8	0.000
Likelihood Ratio	30.461	8	0.000
Linear-by-Linear Association	14.221	1	0.000
N of Valid Cases	391		
a. 3 cells (20.0%) expf < 5. Min exp = 1.10...			

【學生練習】

① 對「房地產調查」數據庫中的「文化程度」與「個人月收入」進行交叉列表分析，並進行卡方檢驗，對獲得的統計結果進行分析解讀。

② 對「房地產調查」數據庫中的「性別」與「購房打算」進行交叉列表分析，並進行卡方檢驗，對獲得的統計結果進行分析解讀。

二、等級相關分析

【技術要領】

要分析兩個順序變量之間的關係，不僅可以用交叉列表和卡方檢驗的方法來分析變量之間是否存在相關，還可以用等級相關係數來描述變量之間相關的大小和方向。等級相關分析操作方法與交叉列表分析大致相同，只是在選擇統計分析內容時要選擇等級相關係數。具體操作方法如下：

① Analyze→Descriptive Statistic→Crosstabs，打開如圖 6-1 所示的交叉列表分析對話框。

② 從左側的源變量窗口中選擇兩個要分析的順序變量分別進入 Row（s）窗口和 Column（s）窗口。

③ 單擊 Statistics 按鈕，打開如圖 6-2 所示的交叉分析統計對話框。系統在 Ordinal 復選框中給出了四個等級相關係數，其中 Gamma 等級相關係數是比較常用的。研究者可以在這些相關係數中做出選擇。也可以選擇 Correlation 選項，系統在輸出結果中直接給出 Pearson's R（皮爾遜相關係數）和 Spearman Correlation（斯皮爾曼等級相關係數）。做完選擇后，單擊 Continue 按鈕，返回到交叉列表分析對話框。

④ 點擊 OK 按鈕，提交運行。

【實例演示】

對「房地產調查」數據庫中的「文化程度」與「住房性質」進行等級相關分析。

打開數據庫文件「房地產調查」后，執行下述操作：

① Analyze→Descriptive Statistic→Crosstabs，打開如圖 6-1 所示的交叉列表分析對話框。

② 從左側的源變量窗口中選擇「文化程度」與「住房性質」兩個變量分別進入 Row（s）窗口和 Column（s）窗口。

③ 單擊 Statistics 按鈕，打開如圖 6-2 所示的交叉分析統計對話框。選擇 Ordinal 復選框中的 Gamma 等級相關係數。單擊 Continue 按鈕，返回到交叉列表分析對話框。

④ 點擊 OK 按鈕，提交運行。

【結果分析】

表 6-2 是「文化程度」與「住房性質」的交叉分析表。「住房性質」變量的取值有 7 個，從「與父母住在一起」到「自己購買或蓋的」，房子的自有屬性逐漸加強，因此可以看做是一個次序變量。從表中我們可以發現，隨著文化程度的提高，房子自有屬性高的比例在減少，而房子自有屬性低的比例在增加。也就是說，「文化程度」對「住房性質」有顯著影響。這種現象背后的原因，可能是教育年限的增加錯過了最佳購房時期，也有可能是樣本代表性問題（所有問卷皆由大學生調查員進行方便調查），具體原因需要更多統計數據驗證。

表 6-4 「文化程度」與「住房性質」的交叉分析表
（11. 您的文化程度？ Q07 * 13. 目前您居住的房子性質是 Q09 Crosstabulation）

			與父母住在一起	單位的單身宿舍	在外自己租的	單位分的	父母給買的	自己購買的	自己蓋的	Total
11. 您的文化程度？ Q07	沒上過學	Count	0	0	0	0	0	1	0	1
		row % of 11. 您的文化程度？	0	0	0	0	0	100.0%	0	100.0%
	小學	Count	2	1	11	0	2	13	4	33
		row % of 11. 您的文化程度？	6.1%	3.0%	33.3%	0	6.1%	39.4%	12.1%	100.0%
	初中	Count	10	3	20	1	2	39	5	80
		row % of 11. 您的文化程度？	12.5%	3.8%	25.0%	1.3%	2.5%	48.8%	6.3%	100.0%
	高中/中專/職高	Count	27	3	14	3	4	49	2	102
		row % of 11. 您的文化程度？	26.5%	2.9%	13.7%	2.9%	3.9%	48.0%	2.0%	100.0%
	大專	Count	13	5	10	3	6	22	2	61
		row % of 11. 您的文化程度？	21.3%	8.2%	16.4%	4.9%	9.8%	36.1%	3.3%	100.0%
	本科	Count	26	8	23	4	14	26	0	101
		row % of 11. 您的文化程度？	25.7%	7.9%	22.8%	4.0%	13.9%	25.7%	0	100.0%
	研究生以上	Count	1	0	5	0	2	5	0	13
		row % of 11. 您的文化程度？	7.7%	0	38.5%	0	15.4%	38.5%	0	100.0%
Total		Count	79	20	83	11	30	155	13	391
		row % of 11. 您的文化程度？	20.2%	5.1%	21.2%	2.8%	7.7%	39.6%	3.3%	100.0%

表 6-5 的等級相關分析結果表明，「文化程度」與「住房性質」的等級相關係數是 -0.203，顯著性水平是 0.000，雖然相關係數不大，但這種負相關在總體中是顯著的。

表 6-5 「文化程度」與「住房性質」的等級相關分析結果

Symmetric Measures

		Value	Asymptotic Std. Error[a]	Approximate T[b]	Approximate Significance
Ordinal by Ordinal	Gamma	-0.203	0.048	-4.178	0.000
N of Valid Cases		391			

a. Assuming the alternate hypothesis
b. Using the asym std error …

【學生練習】

① 對「房地產調查」數據庫中的「個人月收入」與「住房面積」進行等級相關分析，並對獲得的統計結果進行分析解讀。

② 對「房地產調查」數據庫中的「文化程度」與「個人月收入」進行等級相關分析，並對獲得的統計結果進行分析解讀。

第七章　多選變量分析

在問卷調查中都會存在一定量的多項選擇題。如「附錄 1」中的第 23～26 題便是多項選擇題。多項選擇題在在 SPSS 中錄入時會被做成多個內容相同的變量，即多選變量。多選變量分析的基本過程分為兩步來進行：第一步是利用多選變量生成一個新變量；第二步是對新生成的變量進行分析。分析方法主要有兩個：頻數分析與交叉分析。

一、多選變量的頻數分析

【技術要領】

多選變量頻數分析（Multiple Response/ Frequencies）的操作方法如下：

① Analyze→Multiple Response→Define Variable Sets，打開如圖 7-1 所示的定義多選變量集對話框。

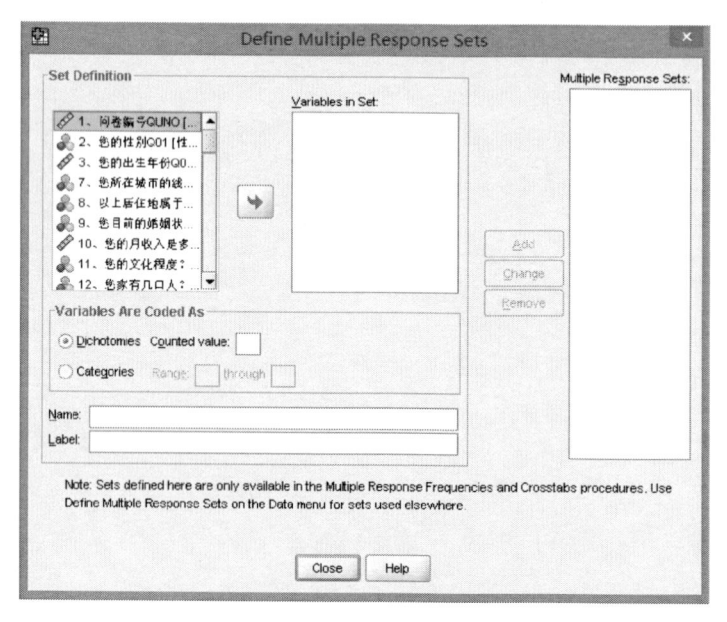

圖 7-1　定義多選變量集對話框

② 選擇要定義的多選變量。從 Set Definition 窗口中選擇要定義的多選變量，使之

進入 Variables in set 窗口中。

③ 定義多選變量的值。Variables Are Coded As 是定義多選變量值的單選框。Dichotomies 為二分模式，即所有屬於「Counted value」項的值均被記為 1，而其他值則被記為 0。Categories 為分類模式，可在指定範圍內保持原有數據的值，該範圍以外的將被視為缺失值。研究者可將多選變量的取值範圍輸入到后面的兩個窗口中。前一個窗口輸入範圍的低值，后一個窗口輸入範圍的高值。

④ 確定新生成的變量名和變量名的標籤。在 Name 窗口中輸入新生成的變量名，在 Label 窗口中輸入新生成變量名的標籤。

⑤ 生成多選變量。上述選項做完以後，便激活了 Add 按鈕。點擊 Add 按鈕，便把定義好的變量添加到 Multiple Response Sets 窗口中。

⑥ 點擊 Close 按鈕，完成多選變量集的定義。此時，系統已生成了一個新的變量(並不顯示在變量窗口中)。

⑦ Analyze→Multiple Response→Frequencies，打開如圖 7-3 所示的多選變量頻數分析對話框。將要分析的多選變量集從 Multiple Response 窗口轉到 Table (s) for 窗口中。Missing Values 是處理缺失值方法的復選框。其中，Exclude cases listwise within diehotomies 是排除二分變量的缺失值，Exclude cases listwise within categories 是排除分類變量中的缺失值。

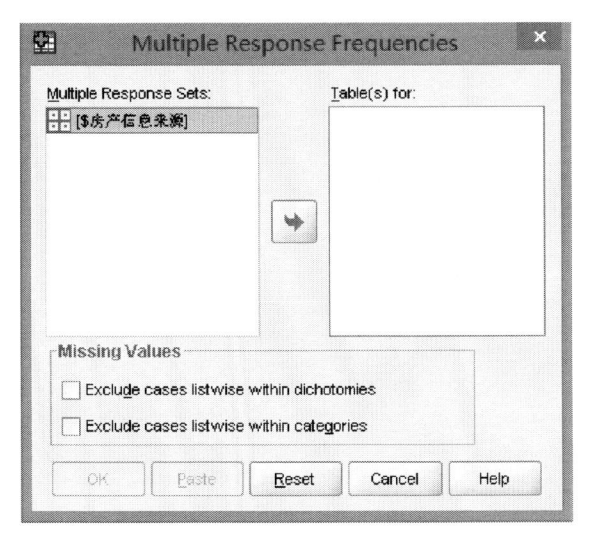

圖 7-2　多選變量頻數分析對話框

⑧ 點擊 OK 按鈕，提交運行。

【實例演示】

對「房地產調查」數據庫中「獲得房地產信息的來源 1」「獲得房地產信息的來源 2」「獲得房地產信息的來源 3」進行頻數分析。

打開數據庫文件「房地產調查」后，執行下述操作：

① Analyze→Multiple Response→Define Variable Sets，打開如圖7-1所示的定義多選變量集對話框。

② 從 Set Definition 窗口中選擇「獲得房地產信息的來源1」「獲得房地產信息的來源2」「獲得房地產信息的來源3」三個變量，使之進入 Variables in set 窗口中。

③ 點擊 Variables Are Coded As 單選框的 Categories 選項，在其後的第一個窗口輸入1，第二個窗口輸入9。

④ 在 Name 窗口中輸入「房產信息來源」。點擊 Add 按鈕，將定義好的變量添加到 Multiple Response Sets 窗口中。

⑤ 點擊 Close 按鈕，完成多選變量集的定義。

⑥ Analyze→Multiple Response→Frequencies，打開如圖7-3所示的多選變量頻數分析對話框。將多選變量集「房產信息來源」從 Multiple Response 窗口轉到 Table（s）for 窗口中。

⑦ 點擊 OK 按鈕，提交運行。

【結果分析】

表7-1反應了391人對這個多選題做了回答，缺失值為0。

表 7-1　　　　　　　　　　多選變量頻數分析的統計概要

Case Summary

	\multicolumn{6}{c}{Cases}
	\multicolumn{2}{c}{Valid}	\multicolumn{2}{c}{Missing}	\multicolumn{2}{c}{Total}
	N	Percent	N	Percent	N	Percent
$ 房產信息來源[a]	391	100.0%	0	0	391	100.0%

a. Group.

表7-2是多選變量的頻數分佈表。N下面的數據是每個選項被選擇的次數。與Total對應的1,024是回答的總次數。Percent下面的數據是以回答總次數，即1,024，作為分母的百分比。Percent of Cases下面的數據是個案個數，即391，作為分母的百分比。統計結果顯示，人們房產信息的來源主要是親朋好友介紹、上網查詢、戶外廣告、宣傳單、報紙、電視分別占19.8%、18.1%、18.0%、16.8%、12.8%、10.2%，以上六種來源共占95.7%。

表 7-2　　　　　　　　　多選變量的頻數分佈表

$ 房產信息來源 Frequencies

		Responses		Percent of Cases
		N	Percent	
$ 房產信息來源[a]	報紙	131	12.8%	33.5%
	電視	104	10.2%	26.6%
	廣播	12	1.2%	3.1%
	戶外廣告	184	18.0%	47.1%
	車體廣告	27	2.6%	6.9%
	宣傳單	172	16.8%	44.0%
	上網查詢	185	18.1%	47.3%
	親朋好友介紹	203	19.8%	51.9%
	其他	6	0.6%	1.5%
Total		1,024	100.0%	261.9%

a. Group.

【學生練習】

① 對「房地產調查」數據庫中,「重要的小區配套設施 1」「重要的小區配套設施 2」「重要的小區配套設施 3」進行頻數分析。

② 對「房地產調查」數據庫中「小區物業應提供的服務 1」「小區物業應提供的服務 2」「小區物業應提供的服務 3」進行頻數分析。

二、多選變量的交叉分析

【技術要領】

多選變量交叉分析（Multiple Response/ Crosstabs）的操作方法如下:

① Analyze→Multiple Response→Crosstabs, 打開多選變量交叉分析對話框, 如圖 7-3 所示。該對話框的左上方窗口中的變量是單選變量, 左下方的窗口中的變量是已定義好的多選變量集。Row（s）是行變量窗口, Column（s）是列變量窗口, Layer（s）是層變量窗口。

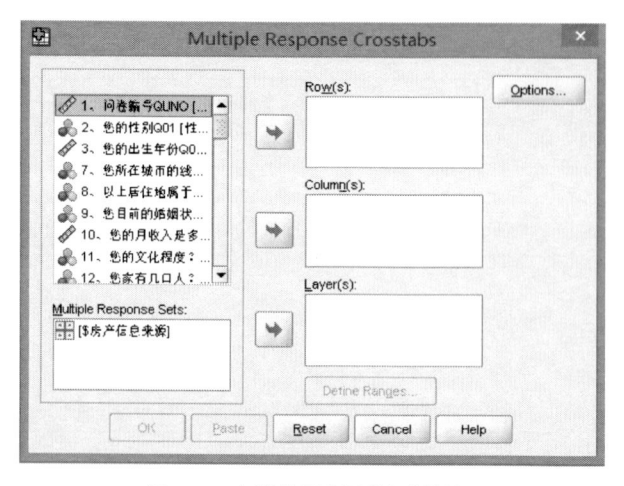

圖 7-3　多選變量交叉分析對話框

②選擇交叉分析的變量。將多選變量集和要與之進行交叉分析的變量分別選進入 Row（s）窗口和 Column（s）窗口。

③確定分析變量的範圍。當光標在單選變量上時，Define Ranges（確定取值範圍）按鈕被激活。系統要求對單選變量的取值範圍進行界定。點擊 Define Ranges 按鈕，打開多選變量定義取值範圍對話框，如圖 7-4 所示。在 Minimum 窗口和 Maximum 窗口，分別填上與多選變量進行交叉分析的那個單選變量的最小值和最大值，同時激活 Continue 按鈕。點擊 Continue 按鈕，返回多選變量交叉分析對話框。

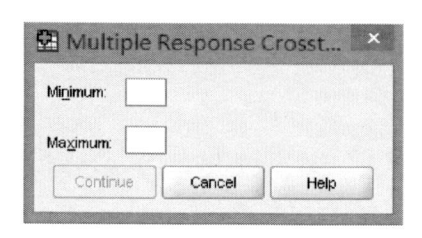

圖 7-4　多選變量定義取值範圍對話框

④確定輸出內容。點擊 Options 按鈕，打開多選變量選項對話框，如圖 7-5 所示。該對話框包括了四個選項欄，其含義如下：

◆ Cell pereentages 復選框。其中 Row 是輸出行百分比（以每行個案數為分母），Column 是輸出列百分比（以每列個案數為分母），Total 是輸出總百分比（以總個案數為分母）。

◆ Match variables across response stes 復選框是確定使用回答數還是個案數的選項。系統默認是不選此項，即統計結果中輸出個案數。

◆ Pereentages Based on 單選框。選擇 Cases 單選項，交叉表中的百分比計算採用個案數作分母；選擇 Responses 單選項，交叉表中的百分比計算採用回答總數作分母。

◆ Missing Values 是處理缺失值方法的復選框。設置方法與多選變量頻數分析完全

一樣。

完成設置后，點擊 Continue 按鈕，返回多選變量交叉分析對話框。

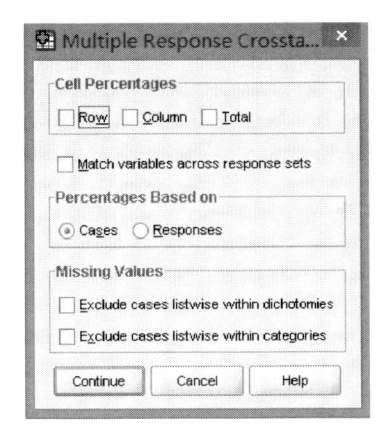

圖 7-5　多選變量選項對話框

⑤ 點擊 OK 按鈕，提交運行。

【實例演示】

對「房地產調查」數據庫中「房產信息的來源」與「性別」進行交叉分析。

打開數據庫文件「房地產調查」后，執行下述操作：

① Analyze→Multiple Response→Crosstabs，打開多選變量交叉分析對話框，如圖 7-3 所示。

② 將「性別」和「房產信息的來源」分別轉入 Row（s）窗口和 Column（s）窗口。

③ 點擊 Row（s）窗口中的「性別」變量，點擊 Define Ranges 按鈕，打開如圖 7-4 所示的多選變量定義取值範圍對話框。在 Minimum 窗口中填入「1」，在 Maximum 窗口中填入「2」。點擊 Continue 按鈕，返回多選變量交叉分析對話框。

④ 點擊 Options 按鈕，打開如圖 7-5 所示的多選變量選項對話框。點擊 Cell pereentages 復選框的 Row 復選項。點擊 Continue 按鈕，返回多選變量交叉分析對話框。

⑤ 點擊 OK 按鈕，提交運行。

【結果分析】

表 7-3 是多選變量交叉分析表。從表 7-3 中我們可以發現：有效個案數是 391 人，其中男性 226 人，女性 165 人。調查結果顯示：男性從「報紙」「戶外廣告」獲得房產信息的比例明顯高於女性；而女性更多從「親朋好友」獲得房產信息。

表 7-3　　　　　　　　　　　多選變量交叉分析表

two-dim-tab

			\$ 房產信息來源[a]								Total
			報紙	電視	廣播	戶外廣告	車體廣告	宣傳單	上網查詢	親朋好友	其他	
2. 您的性別 Q01	男	Count	81	62	9	114	17	98	105	107	3	226
		pct-within	35.8%	27.4%	4.0%	50.4%	7.5%	43.4%	46.5%	47.3%	1.3%	
	女	Count	50	42	3	70	10	74	80	96	3	165
		pct-within	30.3%	25.5%	1.8%	42.4%	6.1%	44.8%	48.5%	58.2%	1.8%	
Total		Count	131	104	12	184	27	172	185	203	6	391

On respondents

a. Group.

【學生練習】

① 對「房地產調查」數據庫中「重要的小區配套設施1」「重要的小區配套設施2」「重要的小區配套設施3」定義為「重要的小區配套設施」多選變量集，並與「個人月收入」進行交叉分析。

② 對「房地產調查」數據庫中「小區物業應提供的服務1」「小區物業應提供的服務2」「小區物業應提供的服務3」「小區物業應提供的服務4」「小區物業應提供的服務5」「小區物業應提供的服務6」定義為「小區物業應提供的服務」多選變量集，並與「對住房的滿意程度」進行交叉分析。

第八章 均值比較分析

在市場分析中，平均數分析是最簡單，但也是使用頻率最高的一個統計分析方法。平均數分析就是用樣本均值來推斷總體均值的方法，比較常用的有三種：一是單樣本的 T 檢驗。這是用樣本的均值對總體均值是否為某個確定值的假設進行檢驗的方法。二是獨立樣本的 T 檢驗。這是用兩個樣本的均值差的大小來檢驗對應的兩個總體的均值是否相等的方法。三是配對樣本的 T 檢驗。這是通過對同一樣本的兩次測量結果的差異的大小來檢驗前後兩次數據的差異是否顯著的分析方法。

一、單樣本的 T 檢驗

【技術要領】

單樣本 T 檢驗（One Sample T Test）的操作方法如下：

① Analyze→Compare→Means→One Sample T Test，打開如圖 8-1 所示的單樣本 T 檢驗對話框。

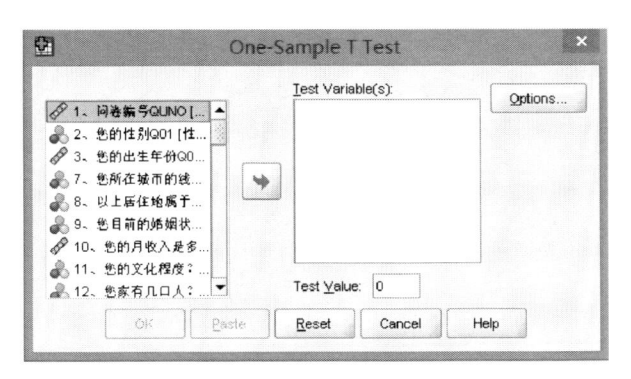

圖 8-1　單樣本 T 檢驗對話框

② 選擇分析變量。從左邊的源變量窗口中選擇將要分析的一個或多個變量進入 Test Variable（s）窗口中。

③ 確定待檢參數。在 Test Value 窗口中輸入待檢的總體均值。

④ 確定置信度和缺失值的處理方法。單擊 Options 按鈕，打開單樣本 T 檢驗選項對話框，如圖 8-2 所示。

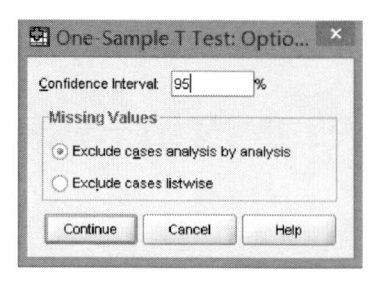

图8-2 單樣本 T 檢驗選項對話框

◆Confidence Interval 窗口用於設置檢驗的置信度。一般情況下選擇系統默認的 95%即可，即在原假設成立的條件下，樣本均值出現的概率如果少於 5%，則不能接受原假設。

◆Missing Values 是設置缺失值的處理方法的單選框。Exclude cases analysis by analysis 是只剔除分析變量為缺失值的個案，這是系統默認狀態。Exclude cases listwise 是剔除任何含有缺失值的個案。

設置完成后，單擊 Continue 按鈕，返回單樣本 T 檢驗對話框。

⑤單擊 OK 按鈕，提交運行。

【實例演示】

對「房地產調查」數據庫中的「住房面積」進行單樣本 T 檢驗。檢驗該地區居民的住房面積是否為 90 平方米。

打開數據庫文件「房地產調查」后，執行下述操作：

① Analyze→Compare→Means→One Sample T Test，打開如圖 8-1 所示的單樣本 T 檢驗對話框。

② 從左邊的源變量窗口中選擇「住房面積」，使其進入 Test Variable（s）窗口中。

③ 在 Test Value 窗口中輸入 90。

④ 單擊 OK 按鈕，提交運行。

【結果分析】

統計結果輸出的表 8-1 是單樣本描述統計。表中顯示：「住房面積」變量有 391 個有效數據，均值為 96.8 平方米，樣本數據分佈的標準差是 68.14，標準誤為 3.446。

表 8-1　　　　　　　　　　　單樣本的描述統計

One-Sample Statistics

	N	Mean	Std. Deviation	Std. Error Mean
15. 目前您居住的房子面積是？Q11	391	96.80	68.140	3.446

表 8-2 是單樣本 T 檢驗的檢驗結果。即假設總體的戶均住房面積為 38 平方米的情況下，計算的 T 統計量為 1.972，自由度為 390，雙尾檢驗的顯著性水平為 0.049，樣

本均值與原假設的差為 6.795，樣本均值與原假設的差在 95% 置信區間為 [0.02, 13.57]。也就是說，在總體均值為 90 平方米的情況下，抽出均值為 96.80 平米的樣本的概率為 0.049，小於 0.05 的臨界值。因此，檢驗結果拒絕了總體均值為 90 平方米的原假設。

表 8-2　　　　　　　　　　單樣本 T 檢驗的檢驗結果

One-Sample Test

	Test Value = 90					
	t	df	Sig (2-tailed)…	Mean Difference	95% Confidence Interval of the Difference	
					Lower	Upper
15. 目前您居住的房子面積是？Q11	1.972	390	0.049	6.795	0.02	13.57

【學生練習】

① 利用「房地產調查」數據庫，檢驗該地區居民「住房滿意度」是否為一般(3)。

② 利用「房地產調查」數據庫，檢驗該地區居民「個人月收入」是否為4,000元。

二、獨立樣本的 T 檢驗

【技術要領】

獨立樣本的 T 檢驗（Independent-Samples T Test）的操作方法如下：

① Analyze→Compare Means→Independent-Samples T Test，打開如圖 8-3 所示的獨立樣本 T 檢驗對話框。

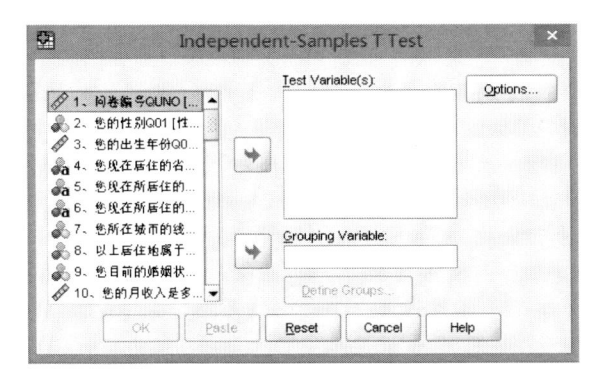

圖 8-3　獨立樣本 T 檢驗對話框

②選擇分析變量。從左邊的源變量窗口中選擇將要分析的一個或多個變量進入 Test Variable（s）窗口中。

③確定分組變量。從左邊的源變量窗口中選擇一個變量作為分組依據，進入 Grouping Variable 窗口，同時激活 Define Groups 按鈕。

④單擊 Define Groups 按鈕，打開獨立樣本 T 檢驗確定分組對話框，如圖 8-4 所示，以確定分組變量的取值。由於 T 檢驗是對兩個總體的均值差進行檢驗，所以作為分組依據的變量只能取兩個值。

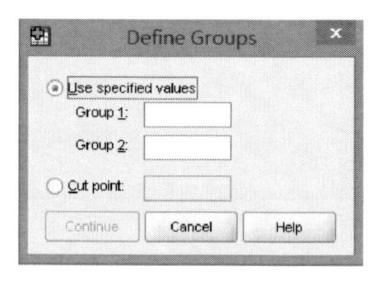

圖 8-4　獨立樣本 T 檢驗確定分組對話框

◆ 如果分組變量是二分名義變量，即分組變量只有兩個取值，點擊 Use specified values 單選項，在 Group1 和 Group2 窗口中分別輸入變量的兩個取值。系統將以這兩個取值為依據，將所有的個案分為兩部分，並對分析變量進行統計。

◆ 如果分組變量是一般的離散型的數值變量，但變量的取值較少，研究者希望對其中某兩個類別的均值差異進行分析，點擊 Use specified values 單選項，在 Group1 和 Group2 窗口中分別輸入分組變量的兩個取值，系統將以兩個值為依據，對分析變量進行統計。

◆ 如果分組變量為連續型變量，或雖為離散型變量，但變量的取值較多，同時研究者希望以分組變量為依據將個案分為兩部分時，可選擇 Cut points（切分點）單選項。然后在 Cut point 窗口中輸入分割值。系統將所有觀測值分為大於該數值和小於該數值的兩組，並分別計算分析變量的均值然後進行比較。

設置完成後，點擊 Continue 按鈕，返回獨立樣本 T 檢驗對話框。

⑤確定置信度和缺失值的處理辦法。點擊 Options 按鈕，將打開一個與單個樣本 T 檢驗選項對話框完全相同的對話框。如果採用系統默認選項，該對話框可以不做任何設置。點擊 Continue 按鈕，返回配對樣本 T 檢驗對話框。

⑥點擊 OK 按鈕，提交運行。

【實例演示】

利用「房地產調查」中的數據，分析不同性別的被調查者的「個人月收入」是否有差別。

打開數據庫文件「房地產調查」後，執行下述操作：

① Analyze→Compare Means→Independent-Samples T Test，打開如圖 8-3 所示的獨

立樣本 T 檢驗對話框。

②從左邊的源變量窗口中選擇「個人月收入」，使其進入 Test Variable（s）窗口中。

③從左邊的源變量窗口中選擇「性別」作為分組依據，進入 Grouping Variable 窗口，同時激活 Define Groups 按鈕。

④單擊 Define Groups 按鈕，打開獨立樣本 T 檢驗確定分組對話框，如圖 8-4 所示。在 Group1 窗口中輸入「1」，在 Group2 窗口中輸入「2」。設置完成后，點擊 Continue 按鈕，返回獨立樣本 T 檢驗對話框。

⑤點擊 OK 按鈕，提交運行。

【結果分析】

表 8-3 是輸出的獨立樣本的分組描述統計結果。其內容的解釋與單樣本描述統計的解釋完全相同。

表 8-3　　　　　　　　　　獨立樣本的分組描述統計

Group Statistics

	2. 您的性別 Q01	N	Mean	Std. Deviation	Std. Error Mean
10. 您的月收入是多少？Q06	男	226	11,276.76	66,720.118	4,438.156
	女	165	4,867.58	6,312.241	491.407

表 8-4 是輸出的獨立樣本 T 檢驗結果。Equal variances assumed 是等方差假設，Equal variances not assumed 是不等方差假設。一般情況下，兩者的其他統計值差異不大。Levene Test for Equality of Variances 是方差齊性檢驗。必須通過該檢驗，才能使用 T 檢驗的方法對兩個總體的均值差進行檢驗。從結果來看，F 值是 2.873，顯著性水平是 0.091，可以接受兩個總體為等方差的假設。t-test for Equality of means 是均值相等的 T 檢驗。從實際統計結果來看，t 值為 1.229，自由度為 389，雙尾檢驗的顯著性水平為 0.220，大於臨界值 0.05。因此，接受兩個總體均值相等的原假設，即不同性別消費者的收入沒有顯著差別。

表 8-4　　　　　　　　　　獨立樣本 T 檢驗結果

Indep Test ...

		Levene Test ...		t-test for Equality...						
									95% Confidence Interval of the Difference	
		F	Significance	t	df	Sig (2-tailed)...	Mean Difference	Std. Error Diff...	Lower	Upper
10. 您的月收入是多少？Q06	Equal variances ...	2.873	0.091	1.229	389	0.220	6,409.185	5,212.878	-3,839.755	16,658.125
	Not Equal variances ...			1.435	230.5	0.153	6,409.185	4,465.279	-2,388.793	15,207.164

【學生練習】

① 利用「房地產調查」中的數據，分析小學文化程度與大學文化程度的被調查者的「住房面積」是否有差別。

② 利用「房地產調查」中的數據，分析 40 歲以下與 40 歲以上的被調查者的「個人月收入」是否有差別。

三、配對樣本的 T 檢驗

【技術要領】

配對樣本的 T 檢驗（Paired-Samples T Test）的操作方法如下：

① Analyze→Compare Means→Paired-Samples T Test，打開如圖 8-5 所示的配對樣本 T 檢驗對話框。

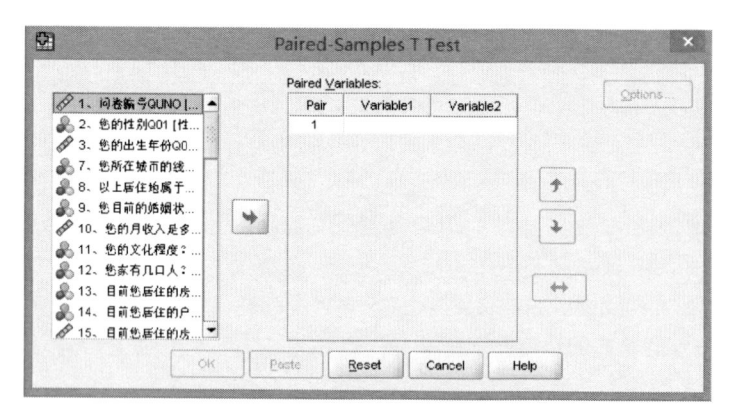

圖 8-5　配對樣本 T 檢驗對話框

② 選擇分析變量。從左邊的源變量窗口中選擇兩個配對變量，使之進入 Paired Variables 窗口中。兩個變量只占一行，可選擇多對配對變量。

③ 確定置信度和缺失值的處理辦法。單擊 Options 按鈕，打開的對話框與單個樣本 T 檢驗選項對話框完全相同。如果採用系統默認選項，該對話框可以不做任何設置。點擊 Continue 按鈕，返回配對樣本 T 檢驗對話框。

④ 點擊 OK 按鈕，提交運行。

第九章　一元方差分析

在市場分析中，方差分析（ANOVA）是使用最多的統計分析方法之一。它主要用於研究名義變量或順序變量與尺度變量之間的關係。尺度變量是被分析的變量，也就是因變量。名義變量或順序變量是影響因素變量，也就是自變量。研究的目的是想知道當自變量取不同值時，因變量是否有顯著差異。一元方差分析（One-Way ANOVA）的自變量只有一個，也稱單因素方差分析。

一、簡單方差分析

【技術要領】

簡單方差分析不進行自變量所有類別的一一對應的成對比較，其操作方法如下：
① Analyze→Compare Means→One-Way ANOVA，打開一元方差分析對話框，如圖9-1所示。

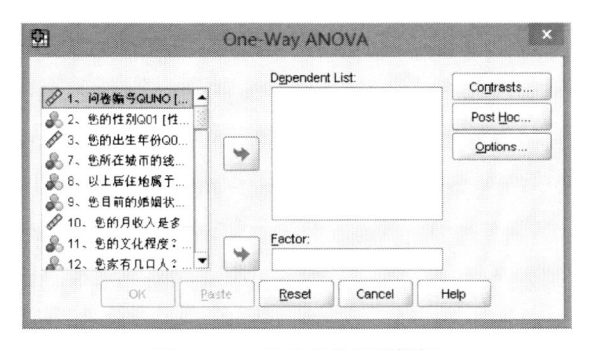

圖9-1　一元方差分析對話框

②選擇因變量和自變量。從左側的源變量窗口中選擇一個或多個尺度變量進入Dependent List 窗口中。選擇一個名義變量或順序變量作為自變量進入 Factor 窗口中。

③ 確定統計輸出結果。點擊 Option 按鈕，打開一元方差分析的選項對話框，如圖9-2 所示。

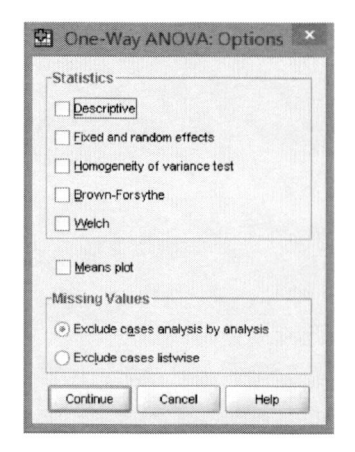

圖 9-2　一元方差分析的選項對話框

　　◆Statistics 是輸出統計結果的復選框。其中，Descriptive 是輸出描述統計結果。選擇該項將在輸出文件中輸出個案數、均值、標準差、標準誤、最小值、最大值、各組中因變量的 95%的置信區間。Homogeneity of variance 是進行方差齊性即等方差性檢驗的復選項。只有方差齊次檢驗的結果接受了等方差的原假設，方差分析的結果才是有意義的。Fixed and random effects、Brown-Forsythe、Welch 復選項初學者不必掌握。

　　◆Means plot 是輸出均值分佈圖。選擇此項將在輸出文件中輸出根據各組均值描繪的因變量的分佈情況。

　　◆Missing Values 是設置缺失值的處理方法的復選框。其中，Exclude cases listwise analysis by analysis 是只剔除分析變量為缺失值的個案，這是系統默認狀態；Exclude cases listwise 是剔除任何含有缺失值的個案。

　　完成設置後，點擊 Continue 按鈕，返回一元方差分析對話框對話框。

　　④ 點擊 OK 按鈕，提交運行。

【實例演示】

　　利用「房地產調查」中的數據，分析不同線級城市的消費者在住房面積上是否有顯著差異。

　　打開數據庫文件「房地產調查」後，執行下述操作：

　　① Analyze→Compare Means→One-Way ANOVA，打開一元方差分析對話框，如圖 9-1所示。

　　② 從左側的源變量窗口中選擇「住房面積」變量進入 Dependent List 窗口中。選擇「所在城市線級」進入 Factor 窗口中。

　　③ 點擊 Option 按鈕，打開如圖 9-2 所示的一元方差分析的選項對話框，點擊 Statistics 復選框的 Descriptive 和 Homogeneity of variance 復選項。點擊 Continue 按鈕，返回一元方差分析對話框對話框。

　　④ 點擊 OK 按鈕，提交運行。

【結果分析】

在系統輸出的統計結果中，表9-1是一元方差分析中因變量的描述統計結果，顯示了四類城市的輸出個案數、均值、標準差、標準誤、最小值、最大值、各組中因變量的95%的置信區間。

表9-1　　　　　　　　一元方差分析中因變量的描述統計結果
ONEWAY Descriptives
15. 目前您居住的房子面積是？Q11

	N	Mean	Std. Deviation	Std. Error	95% Confidence Interval for Mean Lower Bound	95% Confidence Interval for Mean Upper Bound	Minimum	Maximum
一線城市	10	52.60	26.349	8.332	33.75	71.45	20	90
二線城市	164	86.10	44.234	3.454	79.28	92.92	10	356
三線城市	87	106.62	104.867	11.243	84.27	128.97	20	999
四線城市	130	107.11	60.959	5.346	96.53	117.69	10	450
Total	391	96.80	68.140	3.446	90.02	103.57	10	999

表9-2是一元方差分析的方差齊性檢驗結果。從表中可以看出，F值（Levene Statistic）是0.692，兩個自由度分別為3和387，顯著性水平是0.558（大於臨界值0.05），因此可以接受因變量在自變量的各個不同影響因素上是等方差的假設。

表9-2　　　　　　　　一元方差分析的方差齊性檢驗結果
Test of Homogeneity of Variances
15. 目前您居住的房子面積是？Q11

Levene Statistic	df1	df2	Significance
0.692	3	387	0.558

表9-3是一元方差分析結果。從表中可以看出，平均組間平方和是20,167.673，平均組內平方和是4,522.741，F值是4.459，顯著性水平是0.004（小於臨界值0.05），因此可以認為不同線級城市的消費者在住房面積上存在顯著差異。

表9-3　　　　　　　　　　一元方差分析結果
ONEWAY ANOVA
15. 目前您居住的房子面積是？Q11

	Sum of Squares	df	Mean Square	F	Significance
Between Groups	60,503.019	3	20,167.673	4.459	0.004
Within Groups	1,750,300.613	387	4,522.741		
Total	1,810,803.632	390			

圖 9-3 是不同線級城市的消費者住房面積均值分佈圖。從圖中可以看出，城市線級越大，或者說城市規模越小，消費者的住房面積越大。之所以出現這種情況，可能是由於城市規模越小，房價越便宜，消費者購房成本越低，因此居住條件越好。

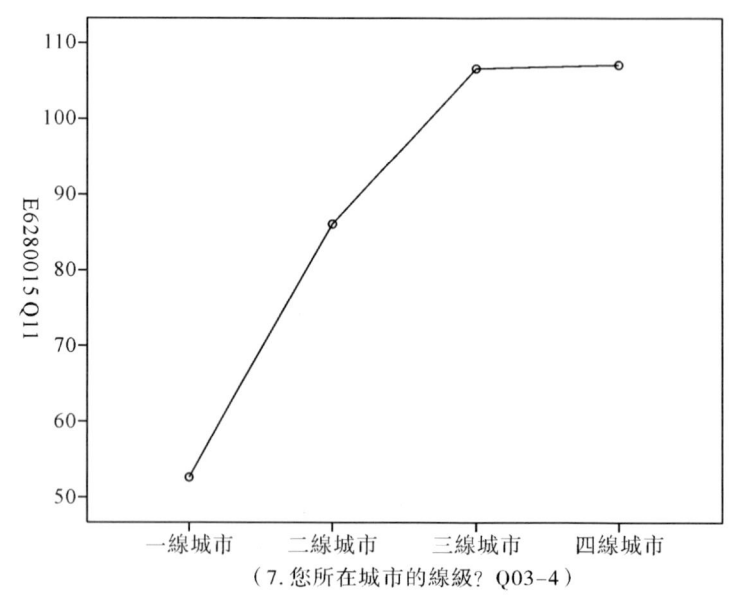

圖 9-3　不同線級城市消費者的住房面積均值分佈圖

【學生練習】

① 利用「房地產調查」中的數據，分析不同文化程度的消費者在收入上是否有顯著差異。

② 利用「房地產調查」中的數據，分析不同線級城市的消費者在可承受的月供上是否有顯著差異。

二、平均數多重比較的方差分析

【技術要領】

簡單方差分析的結果只能說明至少有一個類別的均值與其他的均值之間差異較大，但具體各個類別之間的差異的比較還需要做進一步的分析。這就需要進行平均數多重比較的方差分析，其操作方法如下：

① Analyze→Compare Means→One-Way ANOVA，打開一元方差分析對話框，如圖 9-1 所示。

② 選擇因變量和自變量。從左側的源變量窗口中選擇一個或多個尺度變量進入 Dependent List 窗口中。選擇一個名義變量或順序變量作為自變量進入 Factor 窗口中。

③ 打開多重比較對話框。點擊 Post Hoc 按鈕，打開一元方差分析的多重比較對話框，如圖 9-4 所示。該對話框中包含了較多的選項。初學者只需選掌握 Equal Variances Assumed（等方差假定）復選框中的 LSD 選項則即可，即進行多重比較。選擇此項后，系統將用 T 檢驗的方法完成各組均值之間的配對比較。顯著性水平是系統默認的 0.05，用戶也可以根據自己的需要重新設定。設置完成後，點擊 Continue 按鈕，返回一元方差分析對話櫃。

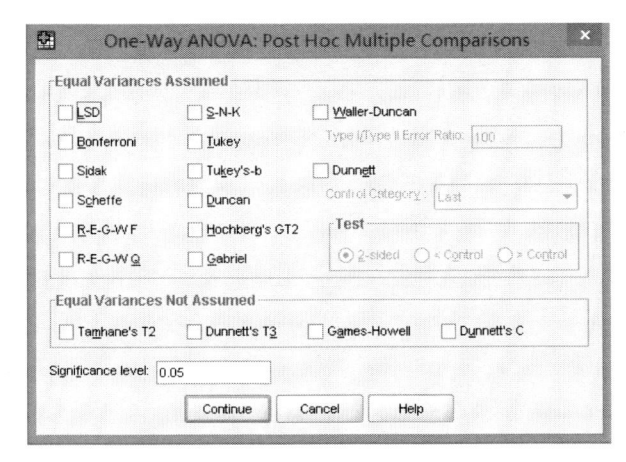

圖 9-4　一元方差分析的多重比較對話框

④ 確定統計輸出結果。點擊 Option 按鈕，打開一元方差分析的選項對話框，如圖 9-2 所示。選擇方法與簡單方差分析完全相同。

⑤ 點擊 OK 按鈕，提交運行。

【實例演示】

利用「房地產調查」中的數據，使用多重比較方差分析，分析不同線級城市的消費者在住房面積上是否有顯著差異。

打開數據庫文件「房地產調查」后，執行下述操作：

① Analyze→Compare Means→One-Way ANOVA，打開一元方差分析對話框，如圖 9-1所示。

② 從左側的源變量窗口中選擇「住房面積」變量進入 Dependent List 窗口中。選擇「所在城市線級」進入 Factor 窗口中。

③ 點擊 Post Hoc 按鈕，打開如圖 9-4 所示的一元方差分析的多重比較對話框，選擇 Equal Variances Assumed 復選框中的 LSD 復選項。點擊 Continue 按鈕，返回一元方差分析對話框對話框。

④ 點擊 Option 按鈕，打開如圖 9-2 所示的一元方差分析的選項對話框，點擊 Statistics 復選框的 Descriptive 和 Homogeneity of variance 復選項。點擊 Continue 按鈕，返回一元方差分析對話框對話框。

⑤ 點擊 OK 按鈕，提交運行。

【結果分析】

系統輸出的統計結果中，除了表 9-1、表 9-2、表 9-3 和圖 9-3 以外，還增加了表 9-4。從表中我們可以看到，分析變量在每個類別上的均值都與其他類別進行了一一對應的成對比較。表中 Mean Difference 比較的是兩個類別的均值差。如 Mean Difference 下的一個數字 -33.504 就是一線城市的住房面積的均值減去二線城市的住房面積的均值的差。Significance 是顯著性水平。從表中我們可以看到，一線城市與三線城市、一線城市與四線城市、二線城市與三線城市、二線城市與四線城市的平均住房面積均存在顯著差異。

表 9-4　　　　　　　　　　　多重比較方差分析的結果

Multiple Comparisons

（15. 目前您居住的房子面積是？Q11）

LSD

（I）7. 您所在城市的線級？Q03-4	（J）7. 您所在城市的線級？Q03-4	Mean Difference (I-J)	Std. Error	Significance	95% Confidence Interval Lower Bound	95% Confidence Interval Upper Bound
一線城市	二線城市	-33.504	21.906	0.127	-76.57	9.57
一線城市	三線城市	-54.021*	22.456	0.017	-98.17	-9.87
一線城市	四線城市	-54.508*	22.070	0.014	-97.90	-11.12
二線城市	一線城市	33.504	21.906	0.127	-9.57	76.57
二線城市	三線城市	-20.517*	8.920	0.022	-38.05	-2.98
二線城市	四線城市	-21.004*	7.897	0.008	-36.53	-5.48
三線城市	一線城市	54.021*	22.456	0.017	9.87	98.17
三線城市	二線城市	20.517*	8.920	0.022	2.98	38.05
三線城市	四線城市	-0.487	9.315	0.958	-18.80	17.83
四線城市	一線城市	54.508*	22.070	0.014	11.12	97.90
四線城市	二線城市	21.004*	7.897	0.008	5.48	36.53
四線城市	三線城市	0.487	9.315	0.958	-17.83	18.80

*. The mean difference is significant at the 0.05 level.

【學生練習】

① 利用「房地產調查」中的數據，使用多重比較方差分析，分析不同文化程度的消費者在收入上是否有顯著差異。

② 利用「房地產調查」中的數據，使用多重比較方差分析，分析不同線級城市的消費者在可承受的月供上是否有顯著差異。

第十章　相關分析

【技術要領】

相關分析是在分析兩個變量之間關係的密切程度時常用的統計分析方法。最簡單的相關分析是線性相關分析（Correlate），即兩個變量之間是一種直線相關的關係。雙變量線性相關分析的操作方法如下：

① Analyze→Correlate→Bivariate，打開如圖 10-1 所示的雙變量相關分析對話框。

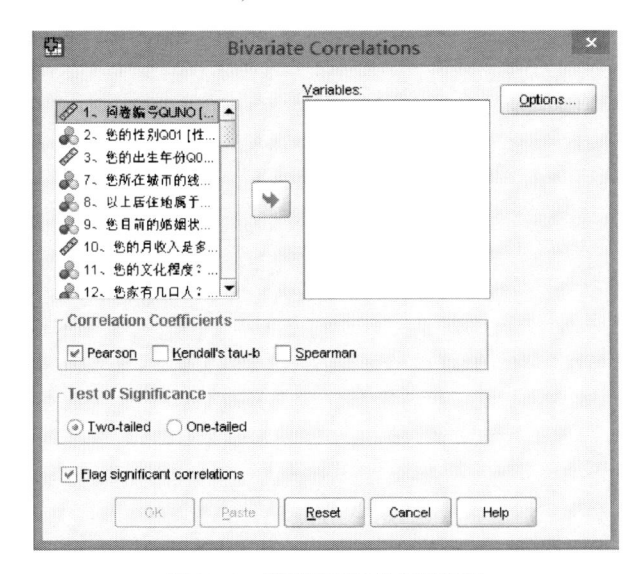

圖 10-1　雙變量相關分析對話框

②選擇進行相關分析的變量。從左側的源變量窗口中選擇兩個次序測量層次以上的變量進入 Variables 窗口。

③選擇相關係數。Correlation Coefficients 是相關係數的復選框。其中，Pearson 是皮爾遜相關係數，適用於兩個變量都為尺度變量的情況，這是系統默認的選項。Kendall's tau-b 是肯德爾系數，它表示的是等級相關，適用於兩個變量都為順序變量的情況。Spearman 是斯皮爾曼等級相關係數，它表示的也是等級相關，也適用於兩個變量都為順序變量的情況。

④確定顯著性檢驗的類型。Test of Significance 是顯著性檢驗類型的復選框，其中 Two-tailed 是雙尾檢驗，也是系統默認的選項。One-tailed 是單尾檢驗。

⑤確定是否輸出相關係數的顯著性水平。Flag significant correlations 是標出相關係數的顯著性的選項。如果選中此項，系統在輸出結果時在相關係數的右上方使用「＊」表示顯著性水平為 0.05；用「＊＊」表示顯著性水平為 0.01。

⑥選擇輸出的統計量。點擊 Options 打開如圖 10-2 所示的相關分析選項對話框。Statistics 復選框中，Means and standard deviations 均值與標準差復選項，選擇此項，系統將輸出均值和標準差。Cross-product deviations and covariances 叉積離差與協方差復選項，初學者不必掌握。Missing Valuess 是處理缺失值的復選項，其中，Exclude cases pairwise 是成對剔除參與相關係數計算的兩個變量中有缺失值的個案，Exclude cases listwise 是剔除帶有缺失值的所有個案。

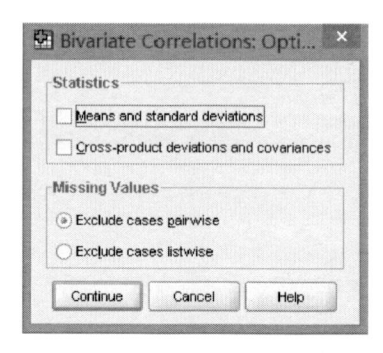

圖 10-2　相關分析選項對話框

設置完成后，單擊 Continue 按鈕，返回雙變量相關分析對話框。

⑦點擊 OK 按鈕，提交運行。

【實例演示】

利用「房地產調查」中的數據，分析「個人月收入」與「住房面積」之間是否相關。

打開數據庫文件「房地產調查」后，執行下述操作：

① Analyze→Correlate→Bivariate，打開如圖 10-1 所示的雙變量相關分析對話框。

②選擇進行相關分析的變量。從左側的源變量窗口中選擇兩個次序測量層次以上的變量進入 Variables 窗口。

③點擊 Options 打開如圖 10-2 所示的相關分析選項對話框。點擊 Statistics 復選框中的 Means and standard deviations 復選項。單擊 Continue 按鈕，返回雙變量相關分析對話框。

④點擊 OK 按鈕，提交運行。

【結果分析】

在輸出的統計結果中，表 10-1 是分析的兩個變量的描述統計結果。

表 10-1　　　　　　　　　相關分析的描述統計
Descriptive Statistics

	Mean	Std. Deviation	N
10. 您的月收入是多少？Q06	8,572.12	50,941.301	391
15. 目前您居住的房子面積是？Q11	96.80	68.140	391

表 10-2 是雙變量相關分析的結果。Pearson Correlation 是皮爾遜相關係數，Significance（2-tailed）是雙尾檢驗的顯著性水平。表中「個人月收入」與「住房面積」的相關係數是 0.216，其顯著性水平是 0.000，說明總體中兩個變量的相關是顯著的。0.216 被標註了「＊＊」，說明該相關係數在 0.01 的水平上顯著。究其原因，可能是隨著人們的收入增加，改善居住條件的需求和能力也隨之增強。

表 10-2　　　　　　　　　雙變量相關分析表
Correlations

		10. 您的月收入是多少？Q06	15. 目前您居住的房子面積是？Q11
10. 您的月收入是多少？Q06	Pearson Correlation	1	0.216**
	Significance（2-tailed）		0.000
	N	391	391
15. 目前您居住的房子面積是？Q11	Pearson Correlation	0.216**	1
	Significance（2-tailed）	0.000	
	N	391	391

＊＊．Correlation at 0.01（2-tailed）…

【學生練習】

① 利用「房地產調查」中的數據，分析「年齡」與「住房面積」之間是否相關。
② 利用「房地產調查」中的數據，分析「個人月收入」與「再次購房的月供額」之間是否相關。

第十一章　多元線性迴歸分析

多元線性迴歸（Multivariate Linear Regression）是研究多個變量之間因果關係的最常用的方法之一。在多個變量中有一個是因變量，因變量要求是尺度變量。其他變量是自變量。直接用作線性迴歸分析的自變量也必須是尺度變量。自變量與因變量之間的關係都是線性的。由於在實際生活中，任何一個社會現象都不是由孤立的一個原因引起的，而是由多種因素共同作用的。因此，多元迴歸在解釋一果多因的變量之間的關係時顯得特別有效。

多元線性迴歸分析的操作方法如下：

①Analyze→Regression→Linear，打開如圖 11-1 所示的迴歸分析對話框。

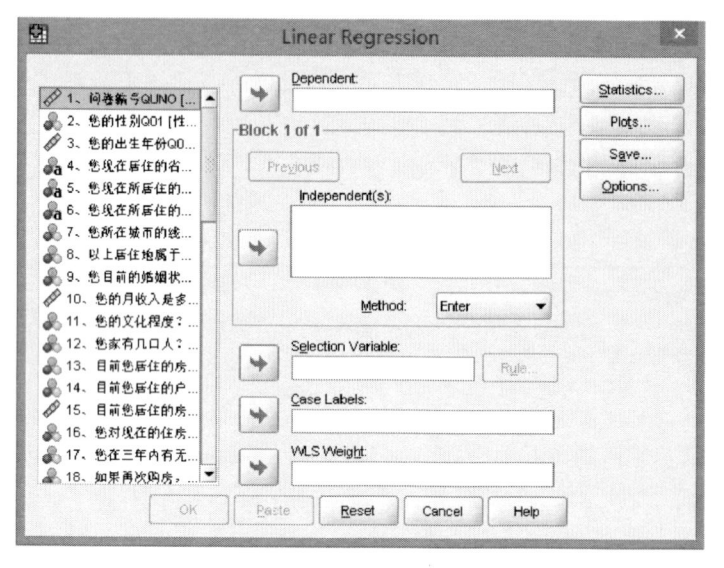

圖 11-1　迴歸分析對話框

② 選擇迴歸分析的因變量與自變量。從左側源變量窗口中選擇一個變量作為因變量，使其進入 Dependent 窗口。再選擇多個自變量進入 Independent（s）窗口。

③ 確定進入分析的自變量的方法。Method 是迴歸分析中自變量的挑選方法的選擇窗口。由於人為選定的自變量未必是對因變量有較大影響的變量，系統要根據自變量對因變量作用的大小，從選定的自變量中篩選出一部分變量作為迴歸模型中的自變量。最終保留在模型中的自變量應該是對因變量的變化貢獻較大的變量。

在 Method 窗口中有五個選項。其中：Enter 是強行進入法選項。即所有選擇的自變

量全部進入迴歸模型，這是系統默認的選項。Stepwise 是逐步進入法選項。首先根據方差分析的結果選擇對因變量貢獻最大的變量進入方程。每加入一個自變量進行一次方差分析，如果有自變量使 F 值最小且 T 檢驗達不到顯著性水平，則予以剔除。這樣重複進行，直到迴歸方程中所有的自變量均符合進入模型的要求。Remove 是剔除變量選項。這種方法將所有不符合進入方程模型要求的變量一次性剔除。Backward 是向後剔除法選項。先將全部所選變量進入模型，每次剔除一個使方差分析的 F 值最小且 T 檢驗達不到顯著性水平的變量，直到迴歸模型中不再含有達不到顯著性水平的自變量為止。Forward 是向前剔除法選項，分析過程與 Backward 相反。

④ 確定輸出的統計量。點擊 Statistics 按鈕，打開如圖 11-2 所示的迴歸分析的統計對話框。Regression Coefficients 是迴歸系數復選框。其中，Estimates 是輸出估計值的復選項。若選擇此項，則在輸出文件中輸出迴歸系數 B、B 的標準誤、標準化迴歸系數 beta、B 的 T 檢驗值以及 T 值的雙側檢驗的顯著性水平 Sig。這是系統默認選項。Confidence intervals 是輸出迴歸系數置信區間的復選項。選擇此項後，系統將輸出迴歸系數 95%的置信區間。Covariance matrix 是輸出迴歸系數的協方差矩陣、各變量的相關係數矩陣。

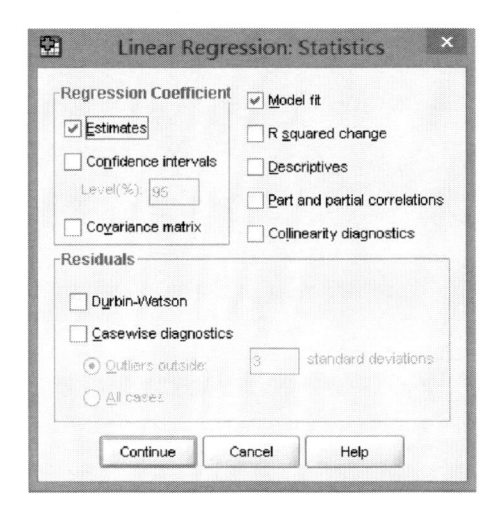

圖 11-2 迴歸分析的統計對話框

右上方的五個選項中：Model fit 是模型的擬合效果復選項，選擇此項，系統將輸出相關係數 R、調整后的 R^2、估計值的標準誤、方差分析表。R squared change 是 R^2 的變化，選擇此項後，系統將輸出迴歸方程引入或剔除一個自變量後 R^2 的變化量。Descriptives 是輸出描述統計結果的復選項。Part and partial correlations 是相關係數選項，選擇此項後，系統將輸出迴歸方程的部分相關係數（表明當一個自變量進入方程後 R^2 增加了多少）、偏相關係數（表明排除了其他的自變量對因變量的影響後，某個自變量與因變量的相關程度）和零階相關係數（表明變量之間的簡單相關係數）。Collinearity diagnostics 是共線性診斷選項。多元線性迴歸要求引入模型的自變量之間不能存在較強的相關。自變量之間的相關稱為多重共線性。選擇此項後，系統將輸出由容限度、方差

膨脹因子構成的各變量的共線性診斷表。

　　Residual 是殘差復選框。其中，Durbin-watson 是系列相關檢驗選項，選擇該項后系統將輸出 Durbin-watson 值。Casewise diagnostics 是輸出個案診斷表的選項。

　　設置完成后，點擊 Continue 按鈕，返回迴歸分析對話框。

　　⑤選擇輸出的圖形。點擊 Plots 按鈕，打開迴歸分析的圖形選擇對話框，如圖 12-3。系統默認是不輸出圖形，如果需要，可以進行設置輸出，方法是在左側源變量窗口中選擇兩個變量，使其分別進入 X 窗口和 Y 窗口，系統將以這兩個變量為坐標做散點圖。源變量窗口中的變量分別是：DEPENDNT 是因變量；ZPRED 是標準化預測值；ZRESID 是標準化殘差；DRESID 是剔除殘差；ADJPRED 是調整的預測值；SRESID 是學生化殘差；SDRESID 是學生化剔除殘差。對話框下方的 Standardized Residual plots 是圖形類別復選框，其中 Histogram 是帶有正太曲線的標準化殘差的直方圖；Normal probability plot 是輸出殘差的正太概率圖。

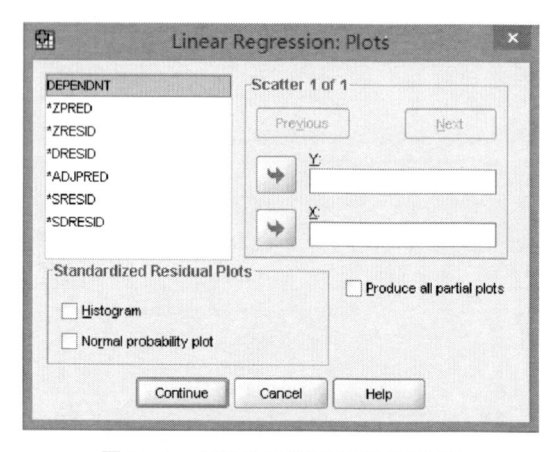

圖 11-3　迴歸分析的圖形選擇對話框

　　⑥ 確定保存的新變量。點擊 Save 按鈕，打開如圖 11-4 所示的迴歸分析的保存變量對話框。該對話框選項較多，較常用的是 Unstandardized 和 Standardized 兩項，分別保存非標準化預測值和保存標準化預測值。

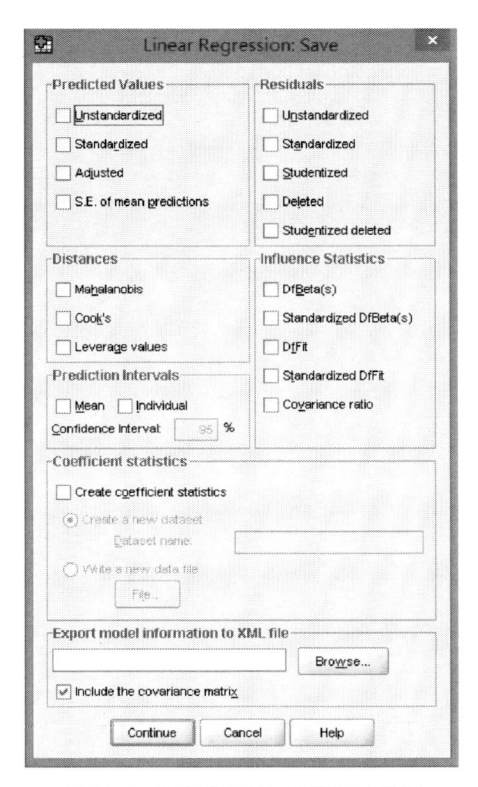

圖 11-4　迴歸分析的保存變量對話框

⑦確定自變量引入模型或從模型中剔除的標準及缺失值的處理方法。點擊 Options 按鈕，打開迴歸分析選項對話框，如圖 11-5 所示：

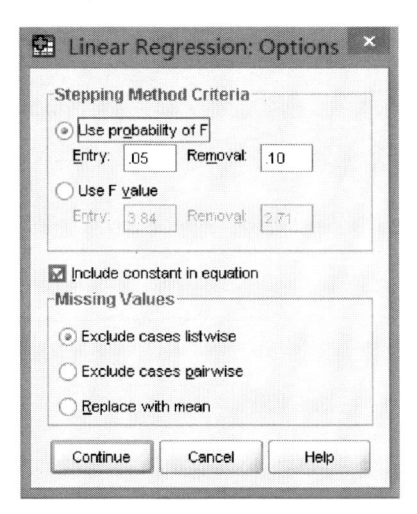

圖 11-5　迴歸分析選項對話框

◆Stepping Method criteria 是設置變量引入模型或從模型中剔除的判斷標準復選框。

其中，Use probability of F 是以 F 值的概率作為變量引入模型或從模型中剔除的判斷標準。系統默認狀態是：當一個變量的 F 值的顯著性水平 Sig. ≤0.05 時，該變量被引入迴歸方程；當一個變量的 F 值的顯著性水平 Sig. ≥0.1 時，該變量被從模型中剔除。用戶也可以根據需要自己設定這兩個數值。Use F values 是以 F 值作為變量引入模型或從模型中剔除的判斷標準。系統默認狀態是：當一個變量的 F 值≥3.84，該變量被引入迴歸方程；當一個變量的 F 值≤2.71 時，該變量從模型中被剔除。用戶也可以根據需要自己設定這兩個數值。

◆Include constant in equation 是在方程中包含常數項的復選項。這是系統默認選項。

◆Missing values 是缺失值的處理方法。其中，Exclude cases listwise 是剔除參與迴歸分析的任何變量中的缺失值，Exclude cases pairwise 是成對剔除缺失值，Replace with mean 是用平均值代替缺失值。

設置完成後，點擊 Continue 按鈕，返回迴歸分析對話框。

⑧點擊 OK 按鈕，提交運行。

【實例演示】

在「房地產調查」中，以「住房面積」為因變量，「年齡」「所在城市線級」「個人月收入」「家庭人口數」為自變量進行多元迴歸分析。

打開數據庫文件「房地產調查」後，執行下述操作：

①Analyze→Regression→Linear，打開如圖 11-1 所示的迴歸分析對話框。

②從左側源變量窗口中選擇「住房面積」作為因變量，使其進入 Dependent 窗口，選擇「年齡」（原始數據庫中並沒有該變量，可通過變量計算獲得）、「所在城市線級」「個人月收入」「家庭人口數」作為自變量進入 Independent (s) 窗口。

③點擊 Method 選擇按鈕，選擇 Backward。

④點擊 Statistics 按鈕，打開如圖 11-2 所示的迴歸分析的統計對話框，點擊 Durbin-watson 復選項，點擊 Collinearity diagnostics 復選項。點擊 Continue 按鈕，返回迴歸分析對話框。

⑤點擊 Options 按鈕，打開迴歸分析選項對話框，如圖 11-5 所示。點擊 Stepping Method criteria 單選框的 Removal 輸入框，將「.10」改為「.08」。點擊 Continue 按鈕，返回迴歸分析對話框。

⑥點擊 OK 按鈕，提交運行。

【結果分析】

在輸出的統計結果中，表 11-1 是迴歸分析進入與剔除的變量。Variables Entered 是進入到模型的變量，Variables Removed 是從模型中剔除的變量。從表中可以看出，向後剔除法（Backward）共生成 2 個模型，第一個模型包括全部 4 個自變量。第二個模型中剔除了「年齡」變量，原因是這個變量 F 值的顯著性水平大於我們設定的 0.08 的標準值。

第十一章 多元線性迴歸分析

表 11-1　　　　　　　　　　迴歸分析進入與剔除的變量

Variables Entered/Removed[b]

Model	Variables Entered	Variables Removed	Method
1	年齡，12. 您家有幾口人？Q08，10. 您的月收入是多少？Q06，7. 您所在城市的線級？Q03-4[a]	.	Enter
2	.	年齡	Backward Criterion prob F remove >= 0.080...

a. All requested variables entered.

b. Dependent Variable：15. 目前您居住的房子面積是？Q11.

表 11-2 是迴歸模型的概要。從表中可以看出，第一個模型的調整的 R^2（Adjusted R Square）為 0.092，第二個模型的調整的 R^2 為 0.088，可見，剔除了「年齡」這個變量后，調整的 R^2 幾乎沒有變化，說明這個變量對因變量影響不大。

表 11-2　　　　　　　　　　　迴歸模型的概要

Model Summary

Model	R	R Square	Adjusted R Square	Std. Error of the Estimate
1	0.318[a]	0.101	0.092	64.938
2	0.308[b]	0.095	0.088	65.085

a. Predictors：(constant) 年齡，12. 您家有幾口人？Q08，10. 您的月收入是多少？Q06，7. 您所在城市的線級？Q03-4.

b. Predictors：(constant) 12. 您家有幾口人？Q08，10. 您的月收入是多少？Q06，7. 您所在城市的線級？Q03-4.

表 11-3 是迴歸模型的方差分析表。從表中可以看到，兩個模型的顯著性水平都是 0.000，說明模型是有意義的。但「年齡」變量被剔除后，F 值增加了，說明第二個模型擬合優度更好。

表 11-3　　　　　　　　　　迴歸模型的方差分析表

ANOVA[c]

Model		Sum of Squares	df	Mean Square	F	Significance
1	Regression	183,049.648	4	45,762.412	10.852	0.000[a]
	Residual	1,627,753.983	386	4,216.979		
	Total	1,810,803.632	390			
2	Regression	171,444.206	3	57,148.069	13.491	0.000[b]
	Residual	1,639,359.426	387	4,236.071		
	Total	1,810,803.632	390			

a. Predictors：(constant) 年齡，12. 您家有幾口人？Q08，10. 您的月收入是多少？Q06，7. 您所在城市的線級？

b. Predictors：(constant) 12. 您家有幾口人？Q08，10. 您的月收入是多少？Q06，7. 您所在城市的線級？Q03-4.

c. Dependent Variable：15. 目前您居住的房子面積是？Q11.

表 11-4 是迴歸模型的迴歸係數表。該表中分別給出了迴歸係數、迴歸係數的標準誤差、標準化迴歸係數、T檢驗值、T檢驗值的顯著性水平、容忍度和方差膨脹因子。從表中我們可以看到，「年齡」變量的顯著性水平大於我們設置的 0.08 的標準，在第二個模型中予以剔除了。Collinearity Statistics 中的 Tolerance（容忍度）與 VIF（方差膨脹因子）互為倒數。如果容忍度小於 0.1，或者方差膨脹因子大於 10，就認為自變量之間存在多重共線性。從實際值來看，自變量之間不存在多重共線性。

表 11-4　　　　　　　　迴歸模型的迴歸係數表

Coefficients^a

Model		Unstandardized Coefficients B	Std. Error	Standardized Coefficients Beta	t	Significance	Collinearity Statistics Tolerance	VIF
1	(Constant)	-934.858	583.942		-1.601	0.110		
	10. 您的月收入是多少？Q06	0.000	0.000	0.203	4.140	0.000	0.972	1.029
	7. 您所在城市的線級？Q03-4	9.872	3.754	0.133	2.630	0.009	0.916	1.091
	12. 您家有幾口人？Q08	8.477	3.047	0.139	2.782	0.006	0.931	1.074
	年齡	0.501	0.302	0.081	1.659	0.098	0.965	1.036
2	(Constant)	33.594	13.838		2.428	0.016		
	10. 您的月收入是多少？Q06	0.000	0.000	0.210	4.292	0.000	0.979	1.021
	7. 您所在城市的線級？Q03-4	10.941	3.706	0.147	2.952	0.003	0.944	1.059
	12. 您家有幾口人？Q08	8.135	3.047	0.134	2.670	0.008	0.935	1.069

a. Dependent Variable：15. 目前您居住的房子面積是？Q11.

由迴歸係數表可以得到本例的迴歸模型：

$$y = 33.594 + 0.000,028X_1 + 10.941X_2 + 8.135X_3$$

其中：y 是住房面積，X_1 是個人月收入，X_2 是所在城市線級，X_3 是家庭人口數。迴歸方程的含義是：當「所在城市線級」「家庭人口數」保持不變的情況下，「個人月收入」每增加 1 元，「住房面積」增加 0.000,028 平方米；當「個人月收入」「家庭人口數」保持不變的情況下，「所在城市線級」每增加 1 級，「住房面積」增加 10.941 平方米；當「個人月收入」「所在城市線級」保持不變的情況下，「家庭人口數」每增加 1 人，「住房面積」增加 8.135 平方米。之所以會出現這種情況，是由於收入增加會提高人們改善住房條件的意願和能力，因此，收入與住房面積表現為正相關關係；家庭人口數的增加，使人們住房面積的需求也隨之增加，因此，人們更傾向於購買面積更大的住房。所以家庭人口數與住房面積也表現出正相關關係。而城市線級的增加，意味著房價的降低，也能使人們有能力購買面積更大的住房。因此，城市線級與住房面積也表現為正相關關係。

第十二章　因子分析

　　因子分析（Factor Analysis）是利用降維方法進行數據濃縮的一種多元統計分析技術。它通過研究眾多變量之間的內部依賴關係，探求觀測數據中的基本結構，並用少數幾個假想變量，即因子（Factors）來表示基本的數據結構。因子分析就是研究如何以最少的信息丟失把眾多的觀測變量濃縮為少數幾個因子的統計分析技術。在市場分析中，基於因子分析的聚類分析是進行市場細分的重要方法。

　　因子分析過程需要經過因子提取、因子旋轉和計算因子得分三個步驟。因子提取是通過分析原始變量之間的相互關係，利用主成分分析法求解因子載荷矩陣，通過計算出的特徵值的大小確定從原始數據中提取出因子的數量。因子旋轉是為了增加因子對變量的解釋，從而使因子的命名更加容易。計算因子得分是以提取的因子為新變量，計算其對應每個個案上的值，即因子值（Factor Scores）

【技術要領】

　　因子分析的操作方法如下：

　① Analysis→Data Reduction→Factor，打開如圖 12-1 所示因子分析對話框。在左側的源變量窗口中選擇參與因子分析的變量，點擊中間的箭頭按鈕，將其轉移到右側的 Variables 窗口中。

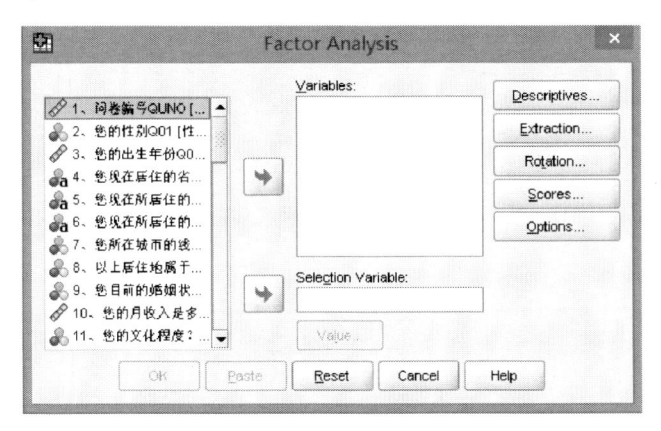

圖 12-1　因子分析對話框

　② 點擊 Descriptive 按鈕，彈出如圖 12-2 所示的因子分析描述統計對話框。

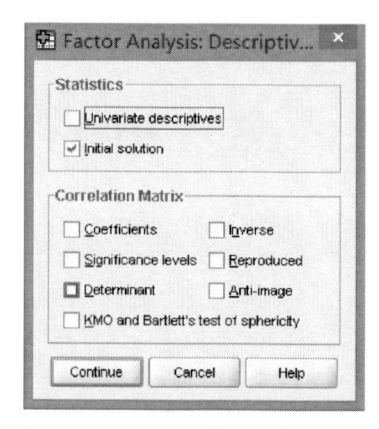

圖 12-2　因子分析描述統計對話框

該對話框的 Statistics 復選框中：

◆ Univariate descriptives 是單變量描述統計分析。選擇該選項，系統會輸出原始變量的基本統計量，包括每個變量的均值、標準差及其有效例數。

◆ Initial solution 是初始解。選擇該選項，系統會輸出因子分析的初始解，這是系統默認選項。

該對話框的 Correlation Matrix 復選框中：

◆ Coefficients 是相關係數矩陣。選擇該選項，系統會原始變量間的相關係數矩陣。

◆ KMO and Bartlett's test of sphericity 是 KMO 和 Bartlett 球體檢驗。只有通過這兩項檢驗，才可以使用因子分析方法，否則，應適用其他方法進行分析。

除了以上兩項選項，其他選項初學者不用掌握。點擊 Continue 按鈕回到因子分析對話框。

③ 點擊 Extraction 按鈕，彈出如圖 12-3 所示的因子提取對話框，該對話框用於設置提取因子的進程與方法的設置。

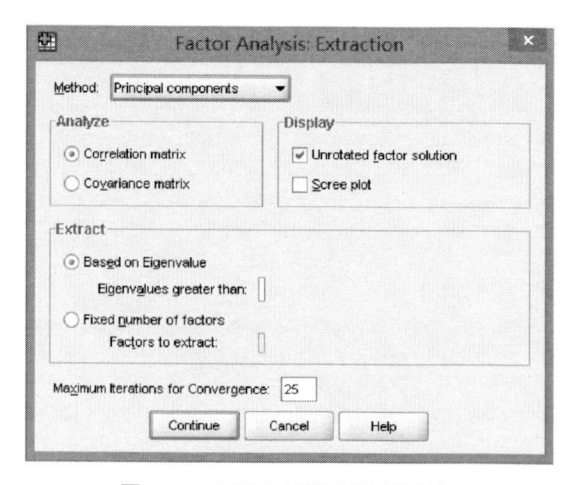

圖 12-3　因子分析描述統計對話框

該對話框的 Method 下拉菜單用來選擇提取因子的方法。系統提供了 7 種方法供研究者選擇。一般來說，系統默認方法——主成分分析法（Principal components）適用大多種情況，初學者只需掌握該方法即可。

該對話框的 Analyze 復選框中：

◆ Correlation matrix 是相關係數矩陣。選擇該項，用於指定利用分析變量的相關矩陣作為提取因子的依據，當參與分析的變量測度單位不同時，應該選擇該項，這也是系統默認選項。

◆ Covariance matrix 是協方差矩陣。選擇該項，用於指定利用分析變量的協方差矩陣作為提取因子的依據。

該對話框的 Display 復選框，用來設置有關選擇與因子提取方法有關的輸出項，其中 Scree plot 是碎石圖，可以幫助研究者選擇提取因子的數量。

該對話框的 Extract 單選框，用來設置提取因子的規則。其中，基於特徵值提取因子（Based on Eigenvalue）是常用方法，系統默認提取特徵值大於 1 的因子。研究者也可以在 Eigenvalue over 后的輸入框中輸入具體數值，用於設定其他提取因子的特徵值標準。

點擊 Continue 按鈕回到因子分析對話框。

④ 點擊 Rotation 按鈕，彈出如圖 12-4 所示的因子旋轉對話框。該對話框用於選擇因子旋轉的方法。

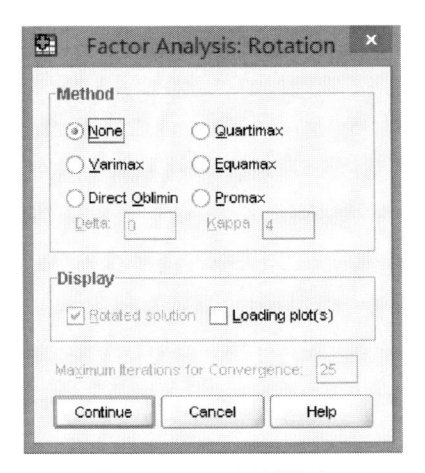

圖 12-4　因子旋轉對話框

該對話框中的 Method 單選框用於選擇因子旋轉的方法，其中 Varimax 是方差最大正交旋轉法，適用於大多數情況。其他旋轉方法初學者可以不必掌握。

該對話框中的 Display 復選框在選擇旋轉方法后才能被激活，系統默認是輸出旋轉解（Rotated solution），即輸出旋轉后的因子載荷矩陣。

點擊 Continue 按鈕回到因子分析對話框。

⑤ 點擊 Scores 按鈕，彈出如圖 12-5 所示的因子得分對話框。該對話框用於選擇計算因子得分的方法。

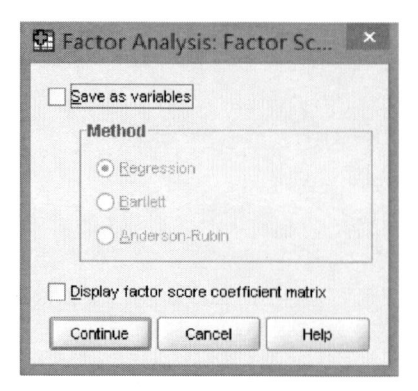

图 12-5　因子得分對話框

點擊 Save as variables 復選框，激活 Method 單選框，選擇系統默認的迴歸法（Regression）計算因子得分，並將因子得分作為新變量保存在數據文件中。新變量的變量名為 FAC1_ 1、FAC2_ 1、FAC3_ 1……，變量名中的第一個數字表示因子編號，第二個數字表示因子分析的次序。

點擊 Continue 按鈕，回到因子分析對話框。

⑥ 點擊 Option 按鈕，彈出如圖 12-6 所示的因子分析選項對話框。

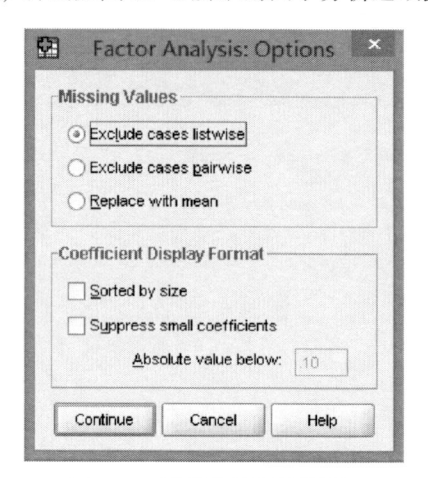

圖 12-6　因子分析選項對話框

該對話框的 Missing Values 復選框中：

◆ Exclude cases listwise 是剔除含有缺失值的全部個案，這些個案將不參與因子分析過程，該選項是系統默認選項。

◆ Exclude cases pairwise 是成對剔除帶有缺失值的個案。

◆ Replace with mean 是用變量的均值代替該變量的所有缺失值。

除了以上選項，其他選項初學者可不用掌握。點擊 Continue 按鈕回到因子分析對話框。

⑦ 點擊 OK 按鈕，提交運行。

【實例演示】

在「房地產調查」數據庫中，「面積的重要程度」「價格的重要程度」「戶型的重要程度」等 10 個變量為消費者再次購房時考慮的面積、價格、戶型等 10 項因素的重要程度，利用因子分析方法，消費者可以被分為幾類？

打開數據庫文件「房地產調查」後，執行下述操作：

①Analysis→Data Reduction→Factor，打開如圖 12-1 所示因子分析對話框。選擇「面積的重要程度」「價格的重要程度」「戶型的重要程度」「裝修的重要程度」「區位與交通的重要程度」「周邊配套設施的重要程度」「小區物業的重要程度」「小區環境的重要程度」「保值與升值空間的重要程度」「租金的重要程度」等 10 個變量，點擊中間的箭頭按鈕，將其轉移到右側的 Variables 窗口中。點擊 Continue 按鈕，回到因子分析對話框。

② 點擊 Descriptive 按鈕，彈出如圖 12-2 所示的因子分析描述統計對話框。點擊 Coefficients 與 KMO and Bartlett's test of sphericity 復選框，其他設置採用系統默認選項。點擊 Continue 按鈕，回到因子分析對話框。

③ 點擊 Extraction 按鈕，彈出如圖 12-3 所示的因子提取對話框。點擊 Display 復選框的 Scree plot 選項。其他設置採用系統默認選項。點擊 Continue 按鈕，回到因子分析對話框。

④ 點擊 Rotation 按鈕，彈出如圖 12-4 所示的因子旋轉對話框。選擇方差最大正交旋轉法（Varimax），其他設置採用系統默認選項。點擊 Continue 按鈕，回到因子分析對話框。

⑤ 點擊 Scores 按鈕，彈出如圖 12-5 所示的因子得分對話框。點擊 Save as variables 復選框。其他設置採用系統默認選項。點擊 Continue 按鈕，回到因子分析對話框。

⑥ 點擊 OK 按鈕，提交運行。

【結果分析】

① 描述統計分析

表 12-1 是因子分析過程提供的分析變量的相關矩陣。由於因子分析的目的是簡化數據並找出基本的數據結構，因此，使用因子分析的前提條件是分析變量之間應該有較強的相關關係。分析變量的相關矩陣可以用來幫助研究者判斷是否可以使用因子分析方法。一般來說，如果相關矩陣中的絕大部分相關係數都小於 0.3，則不適合做因子分析。從表 12-1 可以初步看出，該分析變量可以做因子分析。

表 12-1　　　　　　　　因子分析的描述統計分析結果

Correlation Matrix

		面積	價格	戶型	裝修	區位與交通	配套設施	小區物業	小區環境	保值與升值	租金
Correlation	面積	1.000	0.238	0.247	0.013	0.067	0.142	0.047	0.105	0.013	0.029
	價格	0.238	1.000	0.069	−0.157	0.043	0.091	−0.036	−0.080	0.098	0.158
	戶型	0.247	0.069	1.000	0.316	0.106	0.052	0.181	0.187	0.046	−0.007
	裝修	0.013	−0.157	0.316	1.000	0.171	0.060	0.273	0.280	0.068	0.059
	區位與交通	0.067	0.043	0.106	0.171	1.000	0.365	0.237	0.173	0.126	0.113
	配套設施	0.142	0.091	0.052	0.060	0.365	1.000	0.213	0.097	0.127	0.163
	小區物業	0.047	−0.036	0.181	0.273	0.237	0.213	1.000	0.483	0.170	0.195
	小區環境	0.105	−0.080	0.187	0.280	0.173	0.097	0.483	1.000	0.139	0.128
	保值與升值空間	0.013	0.098	0.046	0.068	0.126	0.127	0.170	0.139	1.000	0.524
	租金	0.029	0.158	−0.007	0.059	0.113	0.163	0.195	0.128	0.524	1.000

此外，描述統計分析提供的 KMO and Bartlett's test of sphericity 檢驗也可以用來幫助研究者判斷分析數據是否適合做因子分析。檢驗方法是：KMO 值要大於 0.5（0.9 以上，非常好；0.8 以上，好；0.7 以上，一般；0.6 以上，一般；0.5 以上，較差；0.5 以下，不能接受）；Bartlett 球體檢驗的 P 值要小於臨界值（一般選擇為 0.05 或 0.01）。從表 12-2 可以看出，KMO 值為 0.637，巴特利特球體檢驗的 P 值為 0.000，通過了檢測，分析變量適合進行因子分析。

表 12-2　　　　　　　　KMO 和 Bartlett 球體檢驗

KMO and Bartlett's Test

Kaiser-Meyer-Olkin Measure...		0.637
Bartlett's Test of Sphericity	Approx. Chi-Square	524.441
	df	45
	Sig. Bartlett	0.000

②公因子方差

公因子方差（Communalities）又被稱為共用度或公共方差，指分析變量方差中由公因子決定的比例。表 12-3 是因子分析的初始解，顯示了所有分析變量的公因子方差數據。表中第 2 列顯示了初始共用度，即考慮了所有公因子的情況下，分析變量能夠被解釋的百分比，該值恒為 100%。表中第 3 列是提取特徵根的共用度，即僅考慮提取的所有因子的情況下，分析變量能夠被解釋的百分比。從表 12-3 可以看出，「保值與升值空間的重要程度」「租金的重要程度」2 個變量的共用度在 70% 以上，即用提取的因子代替原始變量後，這兩個變量損失的信息比較少。而「裝修的重要程度」「小區物業的重要程度」「小區環境的重要程度」3 個變量的共用度在 50% 以上，即用提取的因子代替原始變量後，這 3 個變量損失的信息比較多。

表 12-3　　　　　　　　　　因子分析的初始解

Communalities

	Initial	Extraction
26. 如果再次購房，您認為面積的重要程度是？Q22-1	1.000	0.639
27. 如果再次購房，您認為價格的重要程度是？Q22-2	1.000	0.607
28. 如果再次購房，您認為戶型的重要程度是？Q22-3	1.000	0.616
29. 如果再次購房，您認為裝修的重要程度是？Q22-4	1.000	0.529
30. 如果再次購房，您認為區位與交通的重要程度是？Q22-5	1.000	0.643
31. 如果再次購房，您認為配套設施的重要程度是？Q22-6	1.000	0.696
32. 如果再次購房，您認為小區物業的重要程度是？Q22-7	1.000	0.550
33. 如果再次購房，您認為小區環境的重要程度是？Q22-8	1.000	0.530
34. 如果再次購房，您認為保值與升值空間的重要程度是？Q22-9	1.000	0.715
35. 如果再次購房，您認為租金的重要程度是？Q22-10	1.000	0.745

EXTRACTION PC…

③ 總方差解釋

表 12-4 是因子分析的解釋總變量列表。該表的第 2 列是初始因子解的方差解釋（Initial Eigenvalues），其中：在 Total 列下，是每一個因子的特徵值；在 % of Variance 列下，是每一個因子所解釋的原始變量方差占總方差的百分比；在 Cumulative % 列下，是前 n 個因子對原始變量總方差的累計貢獻率。該表第 3 列是提取的因子對總方差的解釋情況（Extraction Sums of Squared Loadings）。該表第 4 列是旋轉后的因子解（Rotation Sums of Squared Loadings）。

表 12-4　　　　　　　　　因子分析的解釋總變量列表

Total Variance Explained

Component	Initial Eigenvalues			Extraction Sums of Squared Loadings			Rotation Sums of Squared Loadings		
	Total	% of Variance	Cumulative %	Total	% of Variance	Cumulative %	Total	% of Variance	Cumulative %
1	2.345	23.449	23.449	2.345	23.449	23.449	1.898	18.985	18.985
2	1.503	15.028	38.477	1.503	15.028	38.477	1.596	15.956	34.941
3	1.314	13.144	51.622	1.314	13.144	51.622	1.415	14.149	49.090
4	1.108	11.083	62.705	1.108	11.083	62.705	1.362	13.615	62.705
5	0.867	8.670	71.375						
6	0.708	7.083	78.458						
7	0.617	6.168	84.625						
8	0.592	5.920	90.546						
9	0.491	4.909	95.454						
10	0.455	4.546	100.000						

EXTRACTION PC…

④ 碎石圖

圖 12-7 是因子分析的碎石圖。利用碎石圖可以幫助研究者確定最優的因子數量。在圖 12-7 中，橫坐標表示因子數目，縱坐標表示特徵值。從圖中我們可以看出，前 4 個因子的特徵值較大（均大於 1），從第 5 個因子開始特徵值很小，因子特徵值連線變得比較平緩，即前 4 個因子構成了山峰的主體（對解釋變量的貢獻大），其他因子則是山腳下的碎石（對解釋變量的貢獻小）。所以，該例中提取 4 個因子最合適。

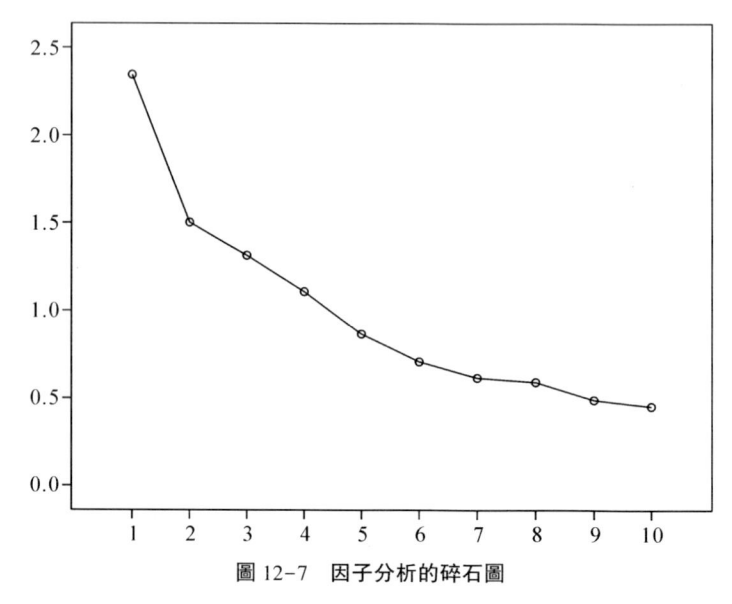

圖 12-7　因子分析的碎石圖

⑤ 旋轉后的因子負荷矩陣

表 12-5 是旋轉后的因子負荷矩陣。利用該表，可以幫助我們更好地解釋因子的含義，為下一步命名因子做出合理的分析。表 12-5 中，第 1 列是原始分析變量，第 2 列是提取的 4 個因子。表中數字是各個原始分析變量的具體因子負載。因子負載的絕對值越大，變量的方差能被該因子解釋的部分越多，這個變量在解釋該因子時就越重要。從表 12-5 我們可以看出，「戶型的重要程度」「裝修的重要程度」「小區物業的重要程度」「小區環境的重要程度」4 個原始分析變量在第 1 個因子上的負載較大，我們可以給這個因子命名為「居住感受型」；「保值與升值空間的重要程度」「租金的重要程度」2 個原始分析變量在第 2 個因子上的負載較大，我們可以給這個因子命名為「投資理財型」；「區位與交通的重要程度」「周邊配套設施的重要程度」2 個原始分析變量在第 3 個因子上的負載較大，我們可以給這個因子命名為「附屬利益型」；「面積的重要程度」「價格的重要程度」2 個原始分析變量在第 4 個因子上的負載較大，我們可以給這個因子命名為「價格敏感型」。

表 12-5　　　　　　　　　　　旋轉後的因子負荷矩陣
Rotated Component Matrix

	Component			
	1	2	3	4
26. 如果再次購房，您認為面積的重要程度是？ Q22-1	0.088	-0.056	0.095	0.787
27. 如果再次購房，您認為價格的重要程度是？ Q22-2	-0.308	0.259	0.090	0.661
28. 如果再次購房，您認為戶型的重要程度是？ Q22-3	0.556	-0.107	-0.094	0.535
29. 如果再次購房，您認為裝修的重要程度是？ Q22-4	0.726	-0.038	0.007	-0.025
30. 如果再次購房，您認為區位與交通的重要程度是？ Q22-5	0.194	0.026	0.777	0.014
31. 如果再次購房，您認為配套設施的重要程度是？ Q22-6	0.014	0.090	0.821	0.117
32. 如果再次購房，您認為小區物業的重要程度是？ Q22-7	0.642	0.220	0.296	-0.047
33. 如果再次購房，您認為小區環境的重要程度是？ Q22-8	0.702	0.152	0.118	-0.006
34. 如果再次購房，您認為保值與升值空間的重要程度是？ Q22-9	0.114	0.837	0.037	0.017
35. 如果再次購房，您認為租金的重要程度是？ Q22-10	0.063	0.855	0.087	0.042

⑥ 因子得分

因子分析會將計算得到因子得分作為新變量保存在數據文件中，這些變量會被放到所有變量的最後。如圖 12-8 所示，FAC1_1、FAC2_1、FAC3_1、FAC4_1 分別是 4 個因子變量。研究者可以將這 4 個新變量重新命名為「居住感受因子」「投資理財因子」「附屬利益因子」「價格敏感因子」。這四個變量就對應著四類消費者，分別為居住感受型、投資理財型、附屬利益型和價格敏感型消費者。

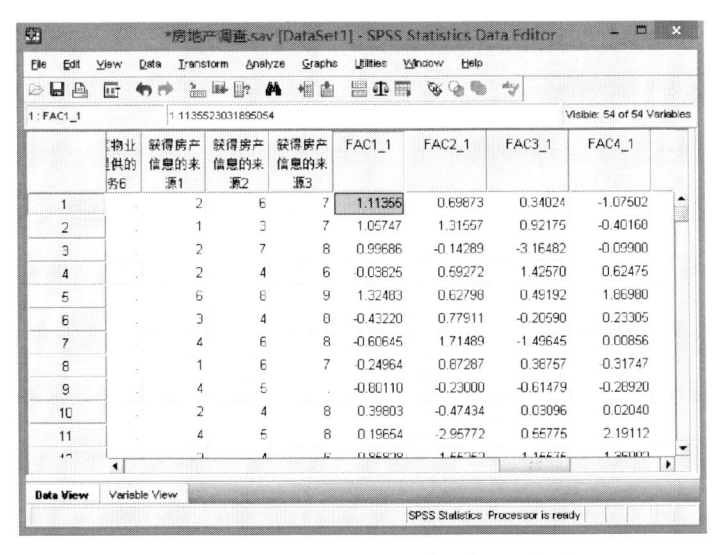

圖 12-8　因子分析新生成的變量與因子得分

【學生練習】

①使用「房地產調查」數據庫中「面積的重要程度」「價格的重要程度」「戶型的重要程度」「裝修的重要程度」「區位與交通的重要程度」「周邊配套設施的重要程度」「小區物業的重要程度」「小區環境的重要程度」「保值與升值空間的重要程度」「租金的重要程度」等10個變量，可將消費者分成哪兩類消費者？試對這兩類消費者命名，並計算因子得分。

②使用「房地產調查」數據庫中的個人資料變量，如性別、年齡等，將消費者進行分類、命名，並計算因子得分。

③使用「房地產調查」數據庫中「住房性質」「戶型」「住房面積」「對住房滿意程度」「購房打算」等5個變量，可以將城市居民分為哪幾類？

第十三章　聚類分析

　　市場研究中經常會遇到對消費者進行分類的問題，如市場細分就是根據某些特徵將所有消費者分為若干類。聚類分析（Cluster Analysis）就是根據研究對象的特徵對研究對象進行分類的多元分析技術。它把性質相近的個案歸為一類，使得同一類中的個體具有高度的同質性，不同類之間的個案具有高度的異質性。

　　按照分類對象的不同，聚類分析可以分為個案聚類和變量聚類。前者是根據統計數據對個案進行分類，也被稱為 Q 型聚類；後者是根據統計數據對變量進行分類，即將具有共同特徵的變量分為一類，也被稱為 R 型聚類。初學者遇到需要進行變量聚類的情形並不多，本教程只介紹個案聚類的操作方法。

　　個案聚類的方法有很多種，其中應用最廣泛的是層次聚類法（Hierarchical Cluster Procedures）和迭代聚類法（Iterative Partitioning Procedures）。層次聚類法也叫做分層聚類，適合在不清楚總體結構和分類數的情況下使用。迭代聚類法也被稱為快速聚類或 K 均值聚類，適合在對總體結構有一定瞭解，知道確切分類數情況下使用。

一、層次聚類法

【技術要領】

　　層次聚類（Hierarchical Cluster）的操作方法如下：

　　①Analysis→Classify→Hierarchical Cluster，打開如圖 13-1 所示的分層聚類對話框。從左側的源變量窗口中選擇要分析的變量，將其轉入 Variable（s）窗口。

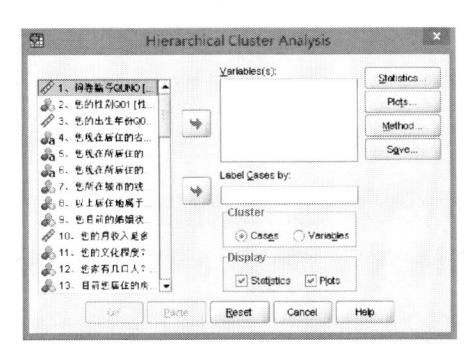

圖 13-1　分層聚類對話框

②選擇聚類個案標示。Variable（s）窗口下方的 Lable Cases by：窗口是指定標示個案變量的選項窗口。用戶可以在左側的源變量窗口中選擇一個字符型變量作為標示變量，將其轉入到該窗口中。輸出的圖表中將使用該變量的變量值作為個案標示。

③選擇聚類類型和輸出內容。Cluster 是用來選擇聚類類型的單選框。其中，Cases 是個案聚類，也是系統默認選項。Variables 是變量聚類。Display 是用來設置輸出內容的復選框。其中，Statistics 是輸出聚類分析的相關統計量，Plots 是輸出聚類分析的相關圖形。兩項都是系統默認選項。

④選擇聚類方法。點擊 Method 按鈕，進入如圖 13-2 所示的分層聚類的方法對話框。

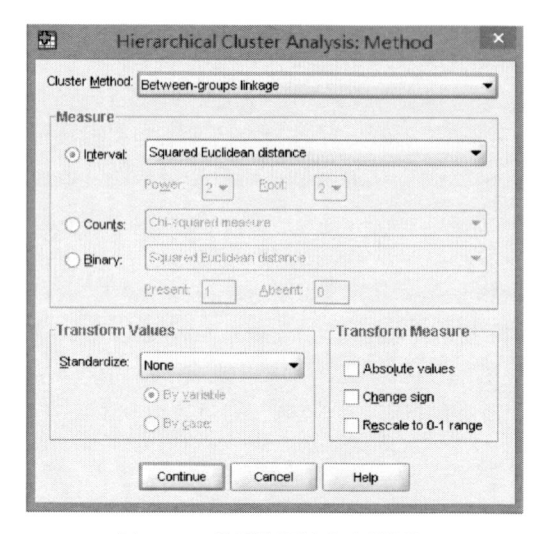

圖 13-2　分層聚類的方法對話框

◆Cluster Method 按鈕中提供了七種聚類方法，其中 Between-groups linkage（組間聯結法）是比較常用的聚類方法，也是系統默認選項。

◆Measure 單選框用來設置計算距離的變量值距離類型。其中，Interval 是連續型等距變量。系統提供了計算連續型距離變量的距離的 8 種方法，其中，Euclidean distance（歐氏距離）和 Squared Euclidean distance（平方歐氏距離）是常用選項，Counts 是計數型變量，Binary 是二分變量。

◆Transform Values 單選框用來設置變量值標準化方法。點擊 Standardize 后的下拉菜單，系統提供了 7 項選擇。其中，None 是不進行標準化，這也是系統默認選項；Z scores（Z 得分值）是常用標準化方法；By variable 是對變量聚類；By case 是對個案聚類。

◆Transform Measure 是用於設置對距離進行轉換的方法的復選框。其中，Absolute values 是對距離值取絕對值；Change sign 是改變距離符合；Rescale to 0-1 range 是計算標準化距離。

設置完成后，點擊 Continue 按鈕，回到分層聚類對話框。

⑤點擊 Statistics 按鈕，打開如圖 13-3 所示的分層聚類的統計對話框。

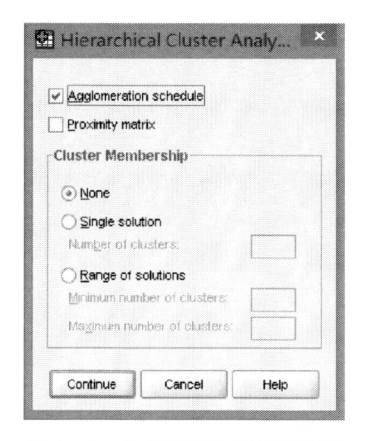

圖 13-3　分層聚類的統計對話框

◆Agglomeration schedule 是輸出凝聚狀態表的復選項。選擇該項，系統將輸出聚類過程的凝聚狀態表，系統默認是輸出該表。

◆ Proximity Matrix 是輸出個案間的距離矩陣的復選項。如果樣本量較大，輸出的矩陣階數也很大。

◆ Cluster Membership 是聚類成員單選框。其中，None 是不顯示聚類成員表，這是系統默認選項。Single solution 是輸出某分類方案的類成員表的單選項，選擇該項後，就激活了 Number of clusters 窗口，可選擇輸出的分類方案。輸入 2 就是分兩類，輸入 3 就是分 3 類，以此類推。Range of solutions 是輸出某幾分類方案的類成員表單選項，選擇該項後，就激活了 Minimum number of clusters 窗口和 Maximum number of clusters 窗口，用戶可分別輸入輸出的最小類數方案和最大類數方案。

設置完成后，點擊 Continue 按鈕，回到分層聚類對話框。

⑥選擇輸出的統計圖。點擊 Plots 選項，打開如圖 13-4 所示的分層聚類的圖形對話框。

圖 13-4　分層聚類的圖形對話框

◆ Dendrogram 是樹狀圖復選框。選擇該項，系統將輸出樹狀圖。

◆Icicle 是冰柱圖單選項。其中，All clusters 是輸出所有聚類方案的單選項，選擇該項，系統將輸出所有聚類方案的冰柱圖。Specified range of clusters 是輸出指定方案的單選項，選擇此項，將激活下方的三個窗口。Start cluster 窗口用來輸入起始方案的類數，Stop cluster 窗口用來輸入終止方案的類數。By 窗口用來輸入起始方案的類數到終止方案的類數的間隔數。None 是不輸出冰柱圖的選項。Vertical 是縱向冰柱圖選項，也是系統默認選項。Horizontal 是水平冰柱圖選項。

設置完成后，點擊 Continue 按鈕，回到分層聚類對話框。

⑦ 保存新變量。聚類分析的結果可以通過生成新變量的方式保存在數據庫文件中。點擊 Save 按鈕，打開如圖 13-5 所示的分層聚類的保存新變量對話框。其中，None 是不生成新變量，這也是系統默認選項。Single solution 是將單一分類方案的結果存儲在新變量中，用戶可以在 Number of clusters 后的窗口中輸入具體分類數。Range of solution 是將一定範圍內的聚類方案都輸出到新變量中予以保存。用戶可以在 Minimum number of clusters 和 Maximum number of clusters 窗口中分別輸入最小分類數和最大分類數。新變量的變量名為 CLU1_1、CLU2_1、CLU3_1……，變量名中的第一個數字表示類數，第二個數字表示聚類分析的次序。

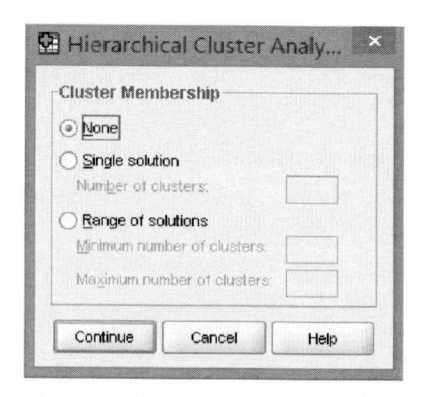

圖 13-5　分層聚類的保存新變量對話框

設置完成后，點擊 Continue 按鈕，回到分層聚類對話框。

⑧ 點擊 OK 按鈕，提交運行。

【實例演示】

利用因子分析獲得的消費者類型，對「房地產調查」數據庫中的個案進行分類。

打開數據庫文件「房地產調查」后，執行下述操作：

①Analysis→Classify→Hierarchical Cluster，打開如圖 13-1 所示的分層聚類對話框。從左側的源變量窗口中選擇「居住感受因子」「投資理財因子」「附屬利益因子」「價格敏感因子」，將其轉入 Variable（s）窗口。在 Cluster 單選框中選擇 Cases 單選項，在 Display 復選框中選擇 Statistics 和 Plots 復選項。

② 點擊 Method 按鈕，進入如圖 13-2 所示的分層聚類的方法對話框。聚類方法選

擇 Between-groups linkage，變量值距離類型選擇 Interval 中的 Euclidean distance，變量值標準化方法選擇 Z scores。點擊 Continue 按鈕，回到分層聚類對話框。

③ 點擊 Statistics 按鈕，打開如圖 13-3 所示的分層聚類的統計對話框。選擇 Agglomeration schedule。點擊 Cluster Membership 單選框的 Range of solutions 單選項，在 Minimum number of clusters 窗口和 Maximum number of clusters 窗口中分別輸入「3」「8」。點擊 Continue 按鈕，回到分層聚類對話框。

④ 點擊 Plots 選項，打開如圖 13-4 所示的分層聚類的圖形對話框。點擊 Dendrogram 復選框，選擇 Icicle 單選項的 Specified range of clusters 單選項，並在 Start cluster 窗口和 Stop cluster 窗口中分別輸入「3」「8」。點擊 Continue 按鈕，回到分層聚類對話框。

⑤ 點擊 Save 按鈕，打開如圖 13-5 的保存新變量對話框。點擊 Range of solution 單選項，並在 Minimum number of clusters 和 Maximum number of clusters 窗口中分別輸入「3」「8」。點擊 Continue 按鈕，回到分層聚類對話框。

⑥ 點擊 OK 按鈕，提交運行。

【結果分析】

表 13-1 是分層聚類的凝聚狀態表。由於數據庫中個案較多，有 391 個，因此凝聚過程較複雜，這裡僅截取了完整凝聚狀態表的一部分。表中，第一列表示聚類分析的第幾步；第二、三列表示本步聚類中哪兩個個案或小類聚成一類；第四列是個案距離或小類距離；第五、六列表示本步中參與的是個案還是小類，0 表示是個案，非 0 表示由第幾步聚類生成的小類參與本步聚類；第七列表示本步聚類的結果將在以後第幾步中繼續參與聚類。

表 13-1　　　　　　　　　分層聚類的凝聚狀態表（局部）

Agglomeration Schedule

Stage	Cluster Combined		Coefficients	Stage Cluster First Appears		Next Stage
	Cluster 1	Cluster 2		Cluster 1	Cluster 2	
1	16	381	0.000	0	0	245
2	62	380	0.000	0	0	104
3	333	355	0.000	0	0	103
4	204	295	0.000	0	0	278
5	278	279	0.000	0	0	67
6	105	235	0.000	0	0	128
7	196	226	0.000	0	0	53
8	39	176	0.000	0	0	313
9	96	164	0.000	0	0	175
10	10	106	0.000	0	0	110

表 13-2 是分層聚類的類成員聚類表。同樣，由於數據庫中個案較多，這裡僅截取了完整類成員聚類表的一部分。該表列出了分為 3—8 類時個案所屬類別。

表 13-2　　　　　　　　分層聚類的類成員聚類表（局部）

Cluster Membership

Case	8 Clusters	7 Clusters	6 Clusters	5 Clusters	4 Clusters	3 Clusters
1	1	1	1	1	1	1
2	1	1	1	1	1	1
3	2	2	2	1	1	1
4	1	1	1	1	1	1
5	1	1	1	1	1	1
6	1	1	1	1	1	1
7	1	1	1	1	1	1
8	1	1	1	1	1	1
9	1	1	1	1	1	1
10	1	1	1	1	1	1

圖 13-6 是分層聚類的冰柱圖。同樣，由於數據庫中個案較多，這裡僅截取了完整冰柱圖的一部分。圖中上部的代號是系統默認的標註個案的行號。圖中白色的長條就是「冰柱」，高度不同的冰柱將所有個案分為了 3—8 類。

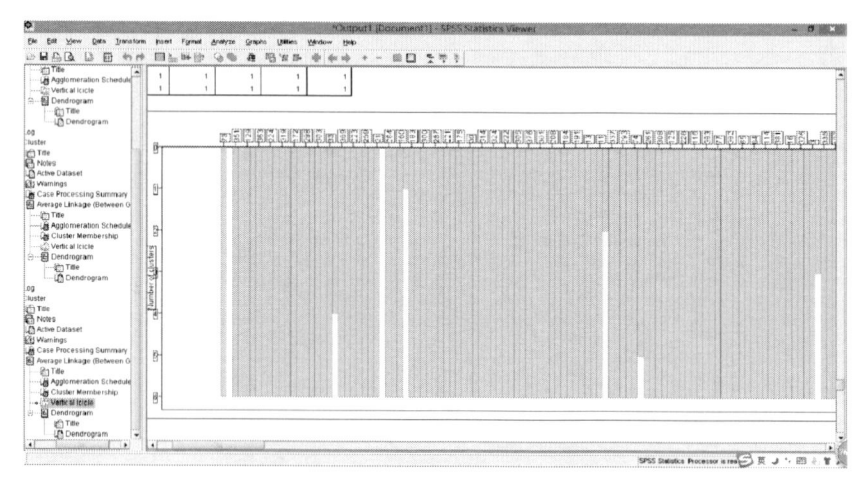

圖 13-6　分層聚類的冰柱圖（局部）

圖 13-7 是分層聚類的樹狀圖，也是截取的完整樹形圖的一部分。樹形圖顯示了分層聚類全過程，從每個個體為單獨一類，逐次合併，最后合併為一大類。

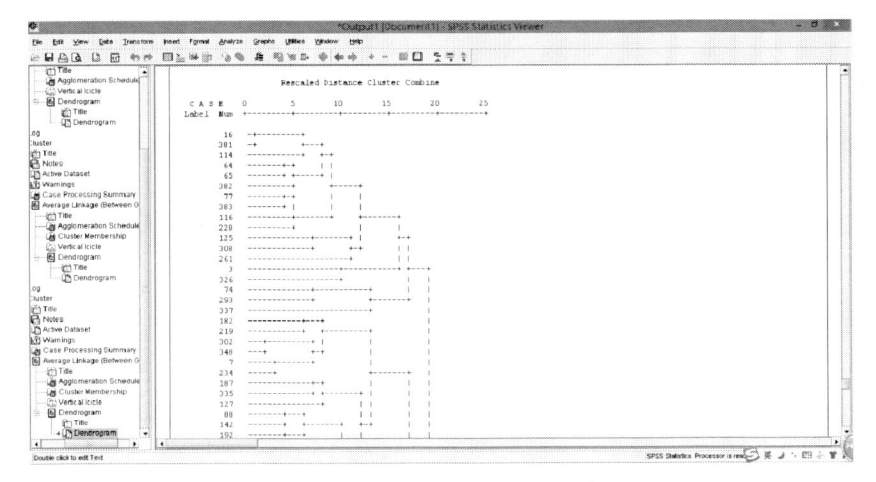

圖 13-7　分層聚類的樹狀圖（局部）

聚類分析的結果可以通過生成新變量的方式保存在數據庫文件中。圖 13-8 中的 CLU3_1、CLU4_1、……CLU8_1 就是系統生成的新變量。其取值就是分為 3 類、4 類……8 類時個案所屬的類別號。其中，分為 4 類時應該重點分析，其對應著因子分析的 4 大類消費者。

圖 13-8　分層聚類生成的新變量

在市場分析中，聚類分析一般被用來進行市場細分。因此，當樣本中所有個案已經被劃分為不同類別後，還應通過新生成的聚類變量與個人資料變量進行交叉分析，來確定劃分類別的細分變量。分析過程略。

【學生練習】

①使用「房地產調查」數據庫中「再次購房所選戶型」「再次購房所選面積」「再次購房能承受的房價」「再次購房的付款方式」「再次購房的月供額」5 個變量，可以

將居民分為哪幾類？

②使用「房地產調查」數據庫中「住房性質」「戶型」「住房面積」「對住房滿意程度」「購房打算」5個變量，可以將城市居民分為哪幾類？

二、迭代聚類法

【技術要領】

迭代聚類（K-Means Cluster）的操作方法如下：

①Analysis→Classify→K-Means Cluster，打開如圖13-9所示的迭代聚類對話框。從左側的源變量窗口中選擇要分析的變量，將其轉入 Variable（s）窗口。

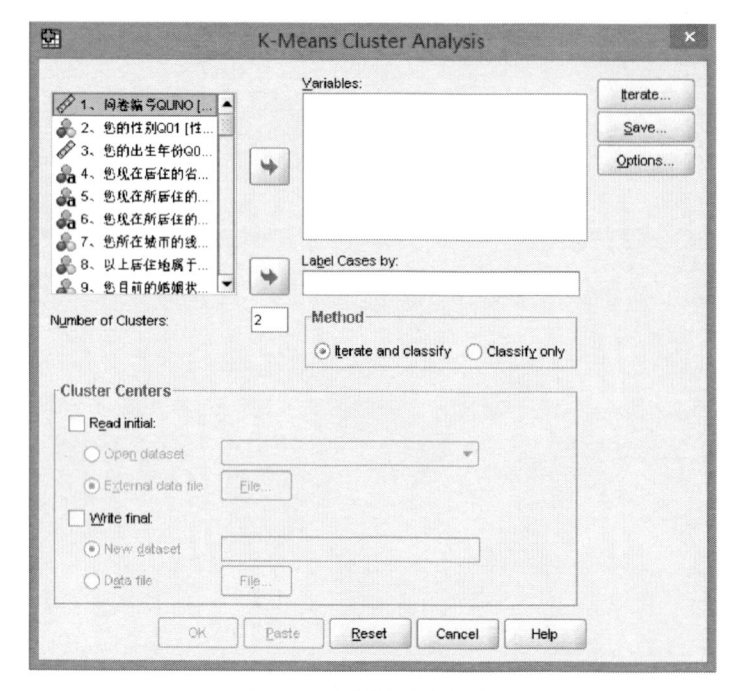

圖 13-9　迭代聚類對話框

② 選擇聚類個案標示和聚類類數。Variable（s）窗口下方的 Lable Cases by：窗口是指定標示個案變量的選項窗口。用戶可以在左側的源變量窗口中選擇一個字符型變量作為標示變量，將其轉入到該窗口中。輸出的圖表中將使用該變量的變量值作為個案標示。Number of Clusters 窗口用於指定聚類的類數。

③ 指定聚類過程中是否調整類中心點。Method 單選框用來設置調整類中心點的方法，其中：Iterate and classify 為聚類過程中選擇或指定初始類中心點，並按照迭代算法不斷調整類中心點，這是系統默認選項。Classify only 是只使用初始的類中心點而不作

調整，迭代次數也只進行一次。

④ 類中心數據的輸入與輸出設置。Cluster Centers 復選框用來設置類中心數據的輸入與輸出。Open dataset 和 External data file 分別是從已打開和外部數據庫文件中讀取初始類中心點，初學者可不做選擇，系統將自動指定有代表性的初始類中心點。Write final 是將各類中心數據保存在指定文件中的選項，其中：New dataset 是保存在新建文件中；Data file 是保存在指定文件中。

⑤ 設置迭代次數和收斂條件。點擊 Iterate 按鈕，打開圖 13-10 所示的迭代聚類的迭代設置對話框，Maximum Iterations 是迭代次數，有效值為 1—999，可在窗口中直接輸入數字，系統默認為 10 次。Convergence Criterion 是收斂條件，有效值為 0—1，可在窗口中直接輸入數字，系統默認值為 0。Use running means 是每個個案被分配到一類後立即計算新的類中心，如果選擇了該項，就會大大增加計算機的運算量和計算時間。設置完成後，點擊 Continue 按鈕，回到迭代聚類對話框。

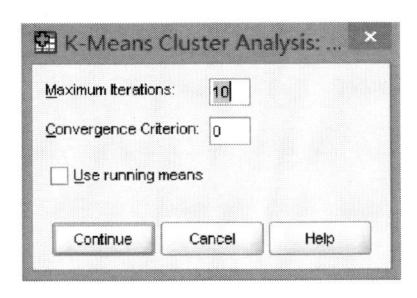

圖 13-10　迭代聚類的迭代設置對話框

⑥ 保存新變量。點擊 Save 按鈕，打開如圖 13-11 所示的迭代聚類的保存新變量對話框。其中，Cluster menbership 是將聚類結果保存到名為 QCL_1 的新變量中，Distance from cluster center 是將聚類終止後的樣本值距所屬類中心的歐氏距離保存在 QCL_2 的新變量中。設置完成後，點擊 Continue 按鈕，回到迭代聚類對話框。

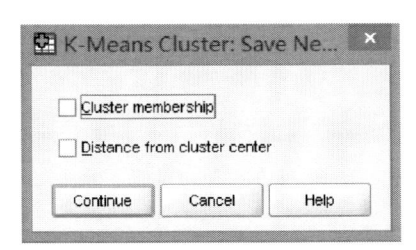

圖 13-11　迭代聚類的保存新變量對話框

⑦ 設置相關統計量的輸出與缺失值的處理方法。點擊 Option 按鈕，打開如圖 13-12 所示的迭代聚類的選項對話框。Statistics 復選框用來設置統計量的輸出，其中，Initial cluster centers 為輸出初始類中心數據，這也是系統默認選項。ANOVA table 是輸出以聚類分析產生的類為控製變量的單因素方差分析表。Cluster information for each case 輸出每個個案的分類信息。Missing Values 復選框包括了兩種處理缺失值的方法：

Exclude cases listwise 為剔除有缺失值的個案；Exclude cases pairwise 為剔除聚類變量值全部缺失的個案。設置完成后，點擊 Continue 按鈕，回到迭代聚類對話框。

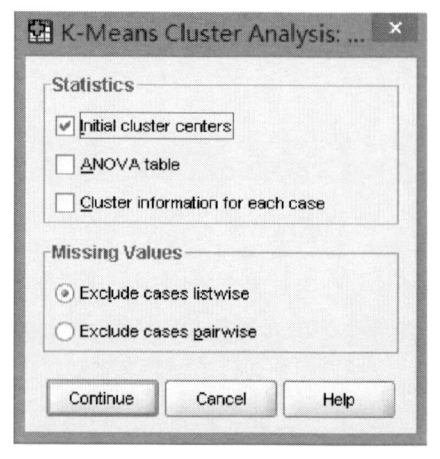

圖 13-12　迭代聚類的選項對話框

⑧點擊 OK 按鈕，提交運行。

【實例演示】

利用因子分析獲得的消費者類型，對「房地產調查」數據庫中的個案進行迭代聚類分析。

打開數據庫文件「房地產調查」后，執行下述操作：

①Analysis→Classify→K-Means Cluster，打開如圖 13-9 所示的迭代聚類對話框。從左側的源變量窗口中選擇「居住感受因子」「投資理財因子」「附屬利益因子」「價格敏感因子」，將其轉入 Variable（s）窗口。

②在 Number of Clusters 窗口中，輸入「4」。

③選擇 Method 單選框的 Iterate and classify 選項。

④點擊 Iterate 按鈕，打開圖 13-10 所示的迭代聚類的迭代設置對話框。在 Maximum Iterations 窗口中輸入「20」，收斂條件採用系統默認設置。點擊 Continue 按鈕，回到迭代聚類對話框。

⑤點擊 Save 按鈕，打開如圖 13-11 所示的迭代聚類的保存新變量對話框。點擊 Cluster menbership 復選項。點擊 Continue 按鈕，回到迭代聚類對話框。

⑥相關統計量的輸出與缺失值的處理方法均採用系統默認設置，即迭代聚類的選項對話框不做設置。

⑦點擊 OK 按鈕，提交運行。

【結果分析】

表 13-3 是初始類中心表。表中的第 2、3、4、5 列分別是系統自動指定的 4 個類中心點的數據。一般情況下，初始類中心點並不是最好的選擇，通過迭代過程會尋找

更好的類中心點代替初始中心點。

表 13-3　　　　　　　　　　迭代聚類的初始類中心表
Initial Cluster Centers

	Cluster			
	1	2	3	4
REGR factor score　1 for analysis 1	1.716,36	-1.431,03	1.325,80	-1.552,60
REGR factor score　2 for analysis 1	1.470,29	0.85,847	-2.702,67	1.496,63
REGR factor score　3 for analysis 1	1.090,91	-2.520,53	1.554,91	0.82,610
REGR factor score　4 for analysis 1	1.719,35	2.406,04	-1.435,55	-1.856,03

表 13-4 是迭代記錄表。從表中可以看出，經過 14 次迭代後，4 個類中心點的變化都為 0.000，達到聚類結果的要求，迭代聚類分析結束。

表 13-4　　　　　　　　　　迭代聚類的迭代記錄表
Iteration History[a]

Iteration	Change in Cluster Centers			
	1	2	3	4
1	1.995	2.531	2.259	2.141
2	0.251	0.153	0.143	0.124
3	0.134	0.128	0.057	0.081
4	0.103	0.098	0.094	0.083
5	0.039	0.108	0.042	0.078
6	0.023	0.065	0.024	0.048
7	0.033	0.064	0.026	0.050
8	0.026	0.031	0.038	0.024
9	0.010	0.012	0.000	0.013
10	0.032	0.000	0.027	0.017
11	0.027	0.036	0.000	0.031
12	0.000	0.032	0.000	0.031
13	0.000	0.016	0.000	0.016
14	0.000	0.000	0.000	0.000

a. Convergence achieved due to no or small change in cluster centers. The maximum absolute coordinate change for any center is 0.000. The current iteration is 14. The minimum distance between initial centers is 4.852.

表 13-5 反應的是迭代聚類完成後的最終聚類中心數據。

表 13-5　　　　　　　　　　迭代聚類的最終聚類中心
Final Cluster Centers

	Cluster 1	Cluster 2	Cluster 3	Cluster 4
REGR factor score　1 for analysis 1	0.736,66	−0.050,71	0.611,74	−0.953,51
REGR factor score　2 for analysis 1	0.683,00	−0.034,99	−1.241,34	0.214,84
REGR factor score　3 for analysis 1	0.689,31	−1.063,52	0.176,91	0.331,06
REGR factor score　4 for analysis 1	0.323,15	0.415,97	−0.483,77	−0.379,28

表 13-6 是迭代聚類的類成員情況表。從實際聚類結果看，第一類有 97 個個案，第二類有 110 個個案，第三類有 70 個個案，第四類有 114 個個案。

表 13-6　　　　　　　　　　迭代聚類的類成員情況表
Number of Cases in each Cluster

Cluster	1	97.000
	2	110.000
	3	70.000
	4	114.000
Valid		391.000
Missing		0.000

與分層聚類一樣，迭代聚類分析的結果也會通過生成新變量的方式保存在數據庫文件中。圖 13-13 中的 QCL_1 就是系統生成的新變量，其取值就是將全部個案分為 4 類時，各個案所屬的類別號。

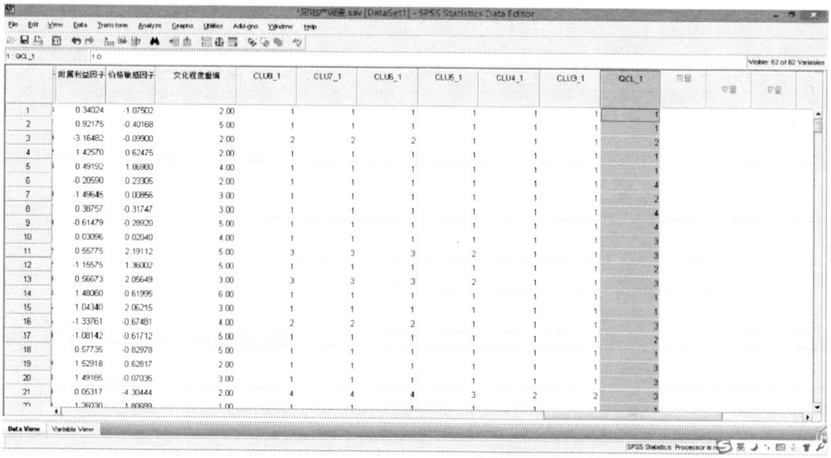

圖 13-13　分層聚類生成的新變量

【學生練習】

①對「房地產調查」數據庫中「再次購房所選戶型」「再次購房所選面積」「再次購房能承受的房價」「再次購房的付款方式」「再次購房的月供額」5個變量，使用迭代聚類法，將所有個案分為3類。

②對「房地產調查」數據庫中「住房性質」「戶型」「住房面積」「對住房滿意程度」「購房打算」5個變量，使用迭代聚類法，將所有個案分為5類。

第十四章　對應分析

在市場分析中，我們有時候會利用定類變量或定序變量來反應研究對象的行為、態度等。在這種情況下，對應分析是一個不錯的選擇。對應分析的主要方法是通過編製兩變量的交叉分析表，確定變量之間的關係。例如在分析顧客對不同品牌商品的偏好時，可以將商品品牌與顧客的性別、收入水平、職業等進行交叉匯總，匯總表中的每一項數字都代表著某一類顧客喜歡某一品牌的人數，這一人數就是這類顧客與這一品牌的「對應」點，代表著不同特點的顧客與品牌之間的聯繫。更重要的是，通過對應分析，可以將品牌、顧客類型以及它們之間的聯繫反應在一個二維或三維的分佈圖上，使分析者能更直觀地把握它們之間的聯繫。

【技術要領】

對應分析（Correspondence Analysis）的操作方法如下：

①利用數據庫數據轉化生成適於對應分析的數據文件。這種轉化可以通過建立雙變量的交叉分析，然后對交叉分析表中的頻數進行整理后，生成新的數據庫獲得。

②數據加權。打開新生成的數據庫，Data→Weight Cases，打開如圖 14-1 所示的數據加權對話框，點擊 Weight Cases by 單選項，將要加權的頻數變量轉到 Frequency Variable 下的窗口中。點擊 OK 按鈕，提交運行。

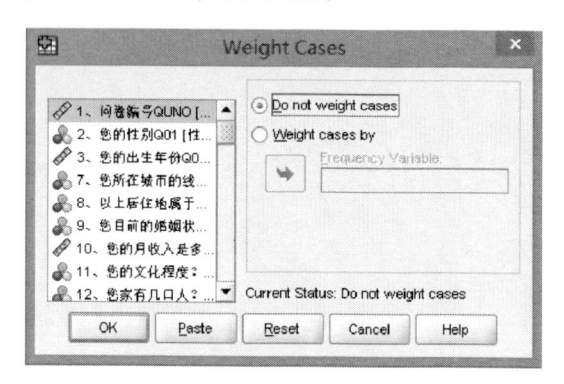

圖 14-1　數據加權對話框

③ Analyze→Dimension Reduction→Correspondence Analysis，打開如圖 14-2 所示的對應分析對話框。從左側的源變量窗口中選擇要分析的變量，分別將其轉入到 Row 和 Column 窗口中，並點擊其下的 Define Range 按鈕，打開如圖 14-3 所示的對應分析的定義值範圍對話框，將該分析變量的有效值分別輸入到 Minimum Value 和 Maximum Value

窗口中。然后點擊 Update 按鈕，確認操作。設置完成后，點擊 Continue 按鈕，回到對應分析對話框。

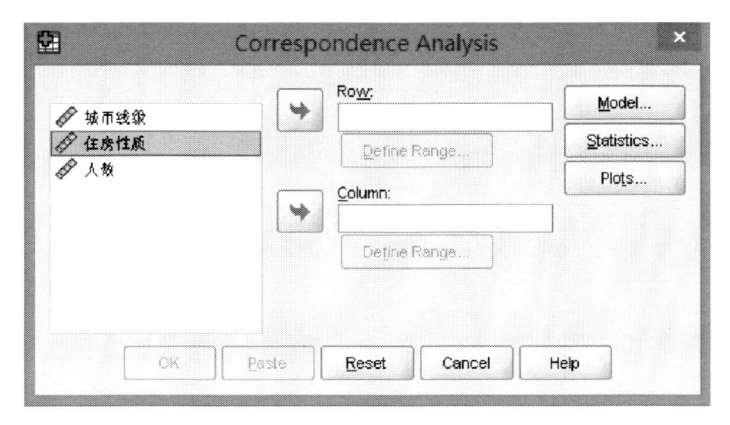

圖 14-2 對應分析對話框

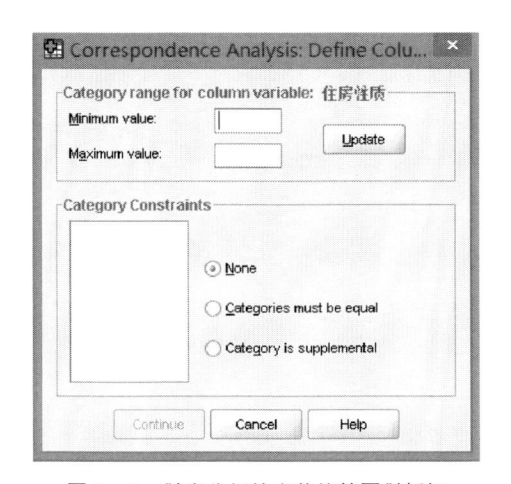

圖 14-3 對應分析的定義值範圍對話框

④ 設置對應分析的方法和模型。點擊 Model 按鈕，進入如圖 14-4 所示的對應分析的模型對話框。Dimensions in solution 用來設置解的維度，即行、列變量分類的最終提取因子的個數。系統默認是 2 維，可以將各分類點表示在二維平面上。Distance Measure 單選框用來設置確定分類點之間距離的方法，其中 Chi square 是卡方距離，也是系統默認選項，Euclidean 是歐氏距離。Standardization Method 是標準化方法，Normalization Method 是正態化方法，對於初學者來說，均採用系統默認的方法即可。設置完成后，點擊 Continue 按鈕，回到對應分析對話框。

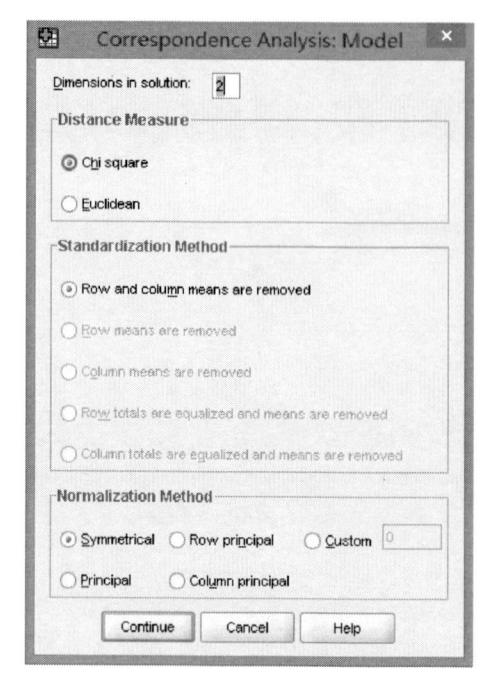

圖 14-4　對應分析的模型對話框

⑤ 確定輸出統計量。點擊 Statistic 按鈕，打開如圖 14-5 所示的對應分析的統計對話框。

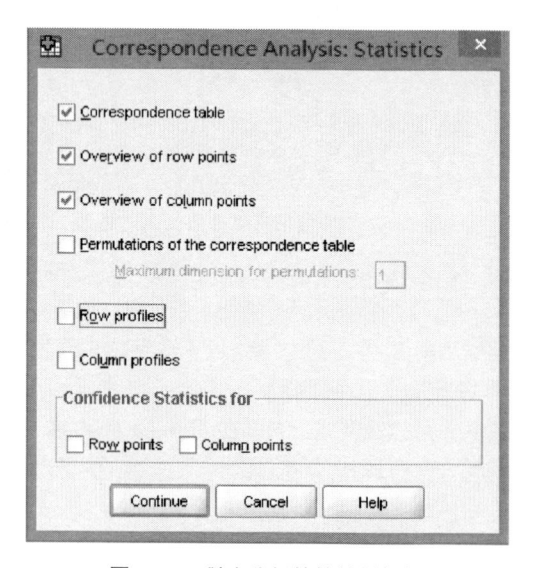

圖 14-5　對應分析的統計對話框

◆Correspondence table 是對應表，即含有行、列變量的交叉分析表。這是系統默認選項。

◆ Overview of row points 是行變量分類綜述。選擇該項，將輸出行變量分類的因子載荷以及方差貢獻值。

◆ Overview of column points 是列變量分類綜述。選擇該項，將輸出列變量分類的因子載荷以及方差貢獻值。

◆ Permutations of the Correspondence table 是排列對應表。

◆ Row profiles 是頻數行百分比。

◆ Column profiles 是頻數列百分比。

◆ Confidence Statistics for 是置信統計量，用來輸出行或列的置信統計量。

設置完成后，點擊 Continue 按鈕，回到對應分析對話框。

⑥ 設置輸出的圖形。點擊 Plots 按鈕，打開如圖 14-6 所示的對應分析的圖形對話框。

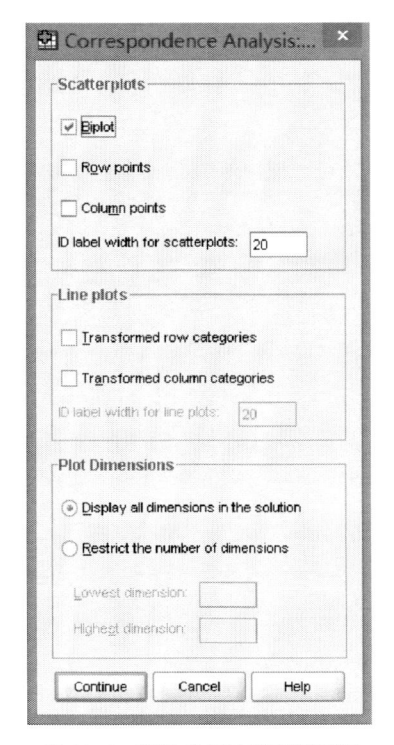

圖 14-6 對應分析的圖形對話框

◆Scatterplots 復選框用來設置輸出的散點圖的形狀和類型。其中，Biplot 是行列變量對應分佈圖，這也是系統默認的輸出項；Row points 是行變量各類別在第一因子和第二因子上的載荷圖；Column points 是列變量各類別在第一因子和第二因子上的載荷圖；ID lable width for Scatterplots 用來設置散點圖中數據點標籤的長度。

◆ Line plots 復選框用來設置輸出的線圖的形狀和類型。初學者可不用掌握。

◆ Plot Dimensions 單選框用來設置輸出窗口中顯示結果的維數。初學者可不用掌握，使用系統默認項即可。

設置完成后，點擊 Continue 按鈕，回到對應分析對話框。

⑦ 點擊 OK 按鈕，提交運行。

【實例演示】

利用「房地產調查」數據庫中的數據，使用對應分析研究「所在城市線級」與「住房性質」之間的關係。

打開數據庫文件「房地產調查」后，執行下述操作：

① 對「所在城市線級」與「住房性質」進行交叉分析，並將交叉分析表中的頻數生成新的數據庫。新的數據庫數據有「城市線級」「住房性質」和「人數」三個變量。「城市線級」和「住房性質」的取值就是其各類城市線級、住房性質的編碼，「人數」變量的取值就是各類性質住房在不同線級城市的分佈人數。如圖 14-7 所示。

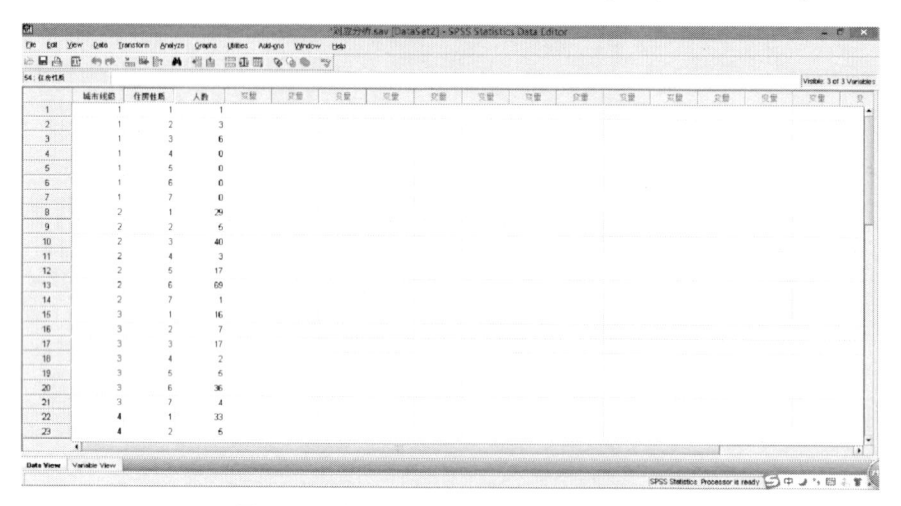

圖 14-7　基於交叉分析生成的新數據庫文件

② 打開新生成的數據庫，Data→Weight Cases，打開如圖 14-1 所示的數據加權對話框，點擊 Weight Cases by 單選項，將「人數」變量轉到 Frequency Variable 下的窗口中。點擊 OK 按鈕，提交運行。

③ Analyze→Dimension Reduction→Correspondence Analysis，打開如圖 14-2 所示的對應分析對話框。從左側的源變量窗口中選擇「城市線級」變量轉入到 Row 窗口中，並點擊其下的 Define Range 按鈕，在 Minimum Value 和 Maximum Value 窗口分別輸入「1」「4」，點擊 Update 按鈕。將「住房性質」變量轉入到 Column 窗口中，並點擊其下的 Define Range 按鈕，在 Minimum Value 和 Maximum Value 窗口分別輸入「1」「7」，點擊 Update 按鈕。設置完成后，點擊 Continue 按鈕，回到對應分析對話框。

④ 點擊 Statistic 按鈕，打開如圖 14-5 所示的對應分析的統計對話框。點擊 Correspondence table、Overview of row points、Overview of column points、Row profiles 復選項。點擊 Continue 按鈕，回到對應分析對話框。

⑤ 點擊 OK 按鈕，提交運行。

【結果分析】

表 14-1 是城市線級與住房性質的交叉分析表。由於其中的數據是頻數，並不容易看出變量之間的關係。

表 14-1　　　　　城市線級與住房性質的交叉分析表
Correspondence Table

城市線級	住房性質							Active Margin
	1	2	3	4	5	6	7	
1	1	3	6	0	0	0	0	10
2	29	5	40	3	17	69	1	164
3	16	7	17	2	5	36	4	87
4	33	5	20	6	8	50	8	130
Active Margin	79	20	83	11	30	155	13	391

表 14-2 是城市線級與住房性質的行頻數百分比交叉分析表。從實際結果來看，隨著城市線級的增加，除了「與父母住在一起」這種情況之外，其他低自有形式的住房比例不斷減少，而高自有形式的住房比例不斷增加。也就是說，「城市線級」對「住房性質」有顯著影響。

表 14-2　　　　城市線級與住房性質的行頻數百分比交叉分析表
Row Profiles

城市線級	住房性質							Active Margin
	1	2	3	4	5	6	7	
1	0.100	0.300	0.600	0.000	0.000	0.000	0.000	1.000
2	0.177	0.030	0.244	0.018	0.104	0.421	0.006	1.000
3	0.184	0.080	0.195	0.023	0.057	0.414	0.046	1.000
4	0.254	0.038	0.154	0.046	0.062	0.385	0.062	1.000
Mass	0.202	0.051	0.212	0.028	0.077	0.396	0.033	

表 14-3 是對應分析的匯總表。表中第 1 列是維度，即提取的特徵根的個數。第 2、3 列分別是奇異值和慣量。第 4、5 列是卡方檢驗值和相應的顯著性水平。第 6、7 列是每個特徵根的方差貢獻率和累計方差貢獻率。從實際結果來看，共提取 3 個特徵根，卡方檢驗值是 45.707，相應的 P 值是 0.000，所以行變量和列變量有顯著相關關係。第 1、2 個特徵根的方差貢獻率為 0.625 和 0.335，累計方差貢獻率 0.960。可見，提取 2 個因子只損失了 4% 的信息。

表 14-3　　　　　　　　　對應分析的匯總表

Summary

Dimension	Singular Value	Inertia	Chi Square	Sig.	Proportion of Inertia		Confidence Singular Value	
					Accounted for	Cumulative	Standard Deviation	Correlation 2
1	0.270	0.073			0.625	0.625	0.060	0.147
2	0.198	0.039			0.335	0.960	0.043	
3	0.069	0.005			0.040	1.000		
Total		0.117	45.707	0.000[a]	1.000	1.000		

a. 18 degrees of freedom.

表 14-4 是行變量分類降維表。表中第 2 列是行分類各類別的百分比。第 3、4 列是行變量各類在第 1 個和第 2 個因子上的因子負載，同時也是散點圖上的坐標。第 5 列為各類別的特徵根。第 6、7 列是行變量各分類對第 1 個和第 2 個因子的差異影響程度。從實際結果來看，一線城市對第 1 個因子的影響差異最大，達到 84.6%。二線城市對第 2 個因子的影響差異最大，達到 56.2%。最後 3 列是兩因子對行變量各分類差異的解釋程度。從實際結果來看，第 1 個因子主要解釋了一線城市的方差，達到了 96.5%。第 2 個因子主要解釋了二、三、四線城市的方差，分別達到了 99.4%、39.2% 和 52.8%。

表 14-4　　　　　　　　　行變量分類降維表

Overview Row Points[a]

城市線級	Mass	Score in Dimension		Inertia	Contribution				
		1	2		Of Point to Inertia of Dimension		Of Dimension to Inertia of Point		
					1	2	1	2	Total
1	0.026	2.991	-0.607	0.064	0.846	0.048	0.965	0.029	0.994
2	0.419	0.020	0.515	0.022	0.001	0.562	0.002	0.994	0.996
3	0.223	0.124	-0.249	0.007	0.013	0.069	0.133	0.392	0.525
4	0.332	-0.338	-0.437	0.024	0.140	0.321	0.431	0.528	0.959
Active Total	1.000			0.117	1.000	1.000			

a. Symmetrical normalization.

表 14-5 是列變量分類降維表。其含義與行變量分類降維表類似，這裡不再贅述。

表 14-5　　　　　　　　　　　列變量分類降維表

Overview Column Points[a]

住房性質	Mass	Score in Dimension 1	Score in Dimension 2	Inertia	Of Point to Inertia of Dimension 1	Of Point to Inertia of Dimension 2	Of Dimension to Inertia of Point 1	Of Dimension to Inertia of Point 2	Total
1	0.202	−0.262	−0.260	0.007	0.051	0.069	0.507	0.364	0.871
2	0.051	1.526	−0.801	0.039	0.441	0.166	0.820	0.165	0.986
3	0.212	0.628	0.244	0.026	0.309	0.064	0.878	0.097	0.975
4	0.028	−0.578	−0.723	0.006	0.035	0.074	0.410	0.468	0.877
5	0.077	−0.216	0.677	0.008	0.013	0.178	0.121	0.870	0.990
6	0.396	−0.264	0.155	0.011	0.102	0.048	0.677	0.170	0.848
7	0.033	−0.622	−1.545	0.019	0.048	0.401	0.181	0.816	0.997
Active Total	1.000			0.117	1.000	1.000			

a. Symmetrical normalization.

　　圖 14-8 是城市線級與住房性質對應分析的散點圖。散點圖中距離越近的類別表示其關係越緊密。從實際結果來看：「一線城市」與「單位的單身宿舍」最近；「二線城市」與「父母給買的」「自己購買的」「在外自己租的」距離最近；三線城市與「與父母住在一起」「自己購買的」「在外自己租的」距離最近；四線城市與「與父母住在一起」「單位分的」「自己蓋的」距離最近。其背后的經濟、社會原因，請同學們嘗試進行分析解讀。

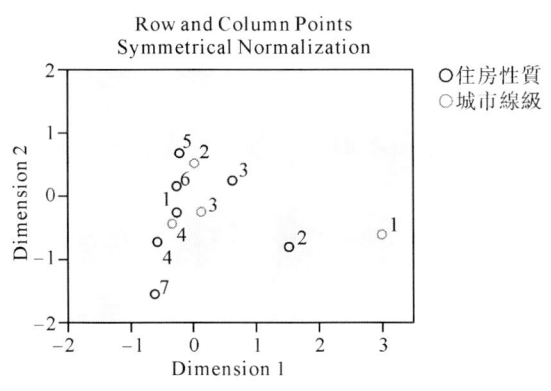

圖 14-8　城市線級與住房性質對應分析的散點圖

【學生練習】

　　①利用「房地產調查」數據庫中的數據，使用對應分析研究「所在城市線級」與「戶型」之間的關係。

　　②利用「房地產調查」數據庫中的數據，使用對應分析研究「文化程度」與「住房性質」之間的關係。

第十五章　運用統計圖分析

用圖形來表現數據的分佈特徵和統計分析的結果具有鮮明、生動、便於比較、容易記憶等特點。SPSS 提供兩種不同的繪圖方法，分別是交互作圖方法和對話框作圖方法。由於交互作圖方法作圖過程直觀明瞭、方法簡單、易於操作、容易理解、可以直接對圖形進行編輯、便於初學者掌握，所以本教程將主要介紹通過交互作圖方法製作條形圖、折線圖、餅圖、散點圖和直方圖的方法。

一、條形圖

條形圖（Bar Chart）是用條形的長短或高低來表現數據大小的一種圖形。它適用於描述名義變量和順序變量的分佈；也可以用來描述當名義變量或順序變量取不同值時，另一個變量參數的大小。如描述不同文化程度的人收入的平均值的大小，分析文化程度與人們的收入水平是否有相關等。

【技術要領】

通過交互作圖方法製作條形圖的操作方法如下：

① Graphs→Legacy Dialogs→Interactive→Bar，打開如圖 15-1 所示的條形圖交互作圖對話框。

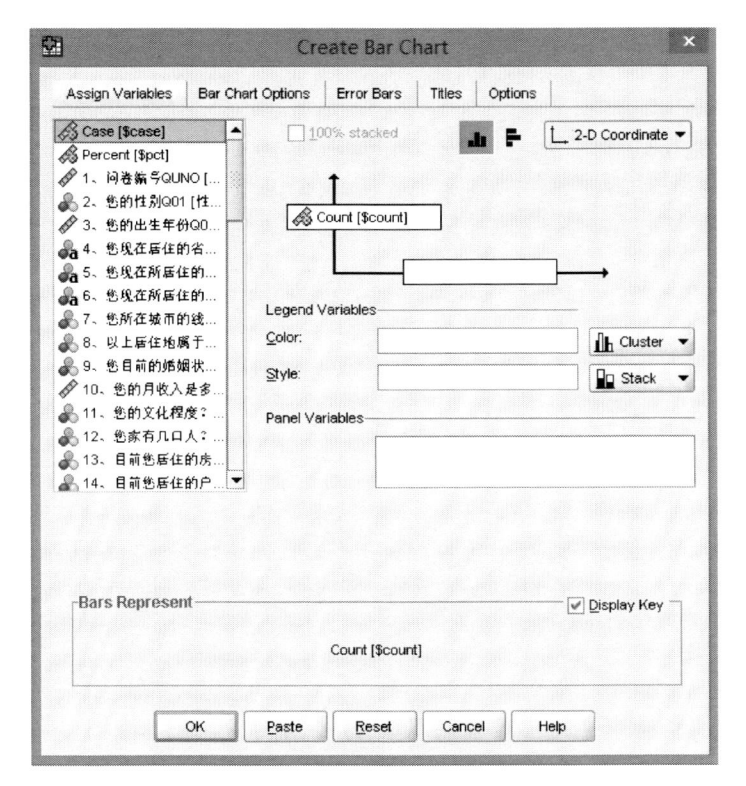

圖 15-1　條形圖交互作圖對話框

②選擇作圖變量。在 Assign Variables（設置變量）選項卡下，用戶可以對作圖的變量進行設置。

◆橫坐標與縱坐標上的窗口是用來設置作為橫坐標與縱坐標的變量的。從左側的源變量窗口中選擇適合的變量，將其拖拽到這些窗口中即可。

◆Legend Variables 下的窗口用來設置分類變量。從左側的源變量窗口中選擇一個名義變量或順序變量作為分類變量放入 Color 或 Style 窗口中。如果分類變量被放入 Color 窗口中，在輸出圖形時用顏色來區分不同的類別。如果分類變量被放入 Style 窗口中，在輸出圖形時用圖案來區分不同的類別。在這兩個窗口后面都有分類方式選擇按鈕，用戶可以選擇採用 Cluster（分條分類）或 Stack（分段分類）。

◆在選項卡的右上方有三個按鈕可以用來選擇和確定圖的類型。是繪製豎圖的按鈕，是繪製橫圖的按鈕，2-D Coordinate 是圖形種類的選擇按鈕。系統提供了三種圖形可供選擇：2-D Coordinate 是二維坐標圖；3-D Coordinate 是三維坐標圖；3-D Effect 是三維效果圖。單擊圖形種類選擇按鈕右側的向下箭頭，可以進行選擇。

◆確定條的長度所代表的含義。對於條的長度所代表的意義，系統給出了兩個參數，即 Count（頻數）和 Percent（百分比），並以變量的形式置放在源變量窗口中。系統默認的是用長度條的長度來表示頻數。如果用戶想要用條的長度來表示分佈頻率的

話，可以用上述拖拽的方法將源變量窗口中 Percent［＄pct］放入縱軸窗口中。

如果用戶要分析的是當某個名義變量或順序變量取不同值時另一個變量的情況，如分析不同性別的人的住房面積，就將名義變量或順序變量放入橫軸窗口，將另一個被分析變量放入縱軸窗口。此時下面的 Bars Represent 後面顯示出被選入縱軸窗口中的變量名並激活下面的參數選擇窗口。用戶可在其中進行選擇，系統默認的是平均值（Mean）。如圖 15-2 所示。

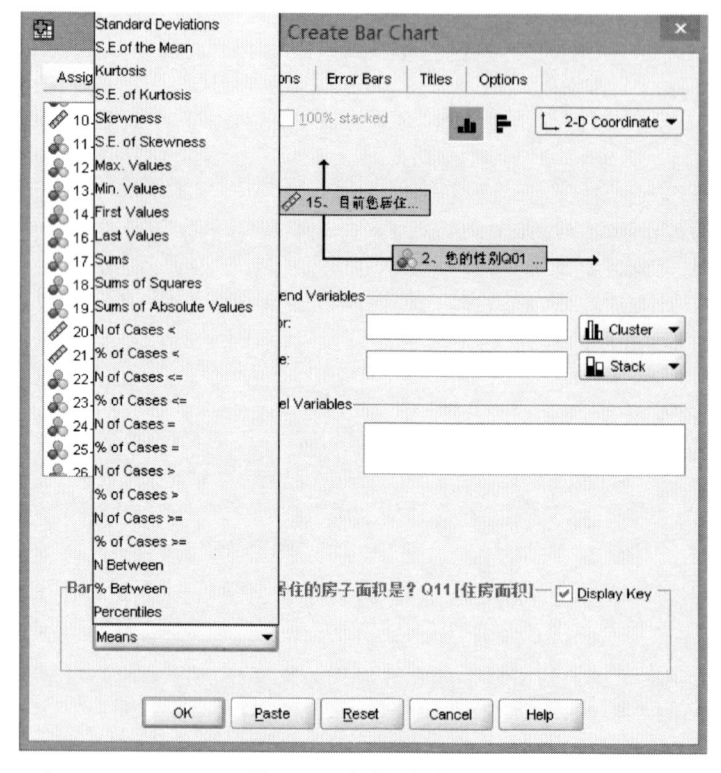

圖 15-2　參數選擇菜單

◆Panel Variables 窗口用於設置分類輸出多個圖形的分類變量。從源變量窗口選擇一個定類變量或次序變量進入 Panel Variables 窗口，可實現按照該變量進行分類，輸出多個圖形的目的。

③點擊 Bar Chart Options（條形外觀）選項卡，打開如圖 15-3 所示的條形外觀設置對話框。

122

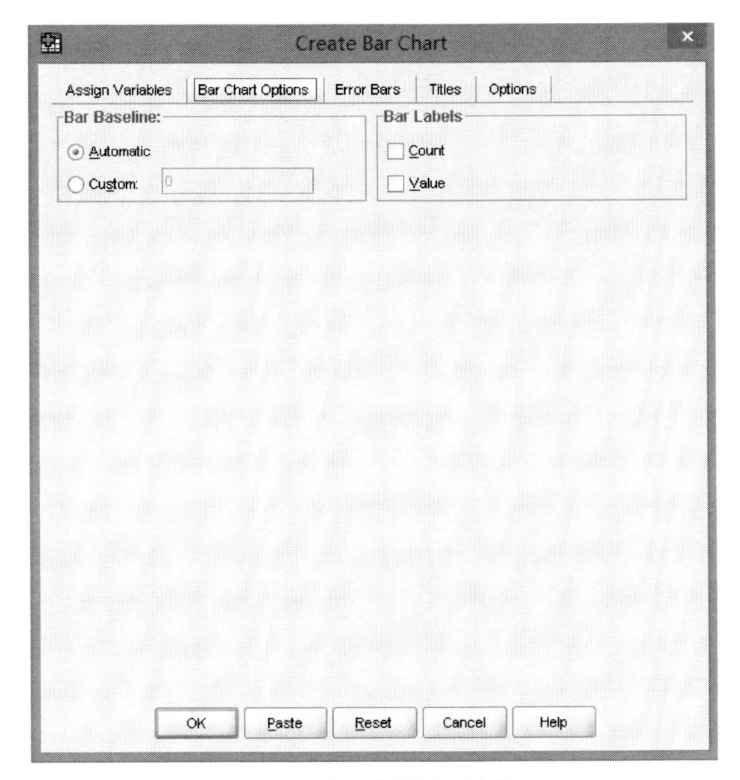

圖 15-3　條形外觀設置對話框

◆Bar Lable 單選項用於設置如何為條形加數字標籤。其中，Count 是以頻數作為條長度的數字標籤，Value 是以變量值作為條長度的數字標籤。前一個適用於單變量的頻數分佈描述，后一個適用於分析當名義變量或順序變量取不同值時，另一個變量的狀態。Bar Baseline 初學者可不比掌握。

④點擊 Titles（標題）選項卡，打開如圖 15-4 所示的條形圖標題設置對話框。其中，Chart Title 是圖形的標題窗口，用戶可以在這個窗口中輸入將要生成的圖形的標題。Chart Subtitle 是圖形的副標題窗口，在這個窗口中可以輸入副標題。標題和副標題將位於圖形的上方。Caption 是圖的輔助說明窗口，關於圖的有些信息無法在標題和副標題中體現時，可在 Caption 窗口中輸入關於圖的說明，作為圖註，輸入的圖註將位於圖的下面。

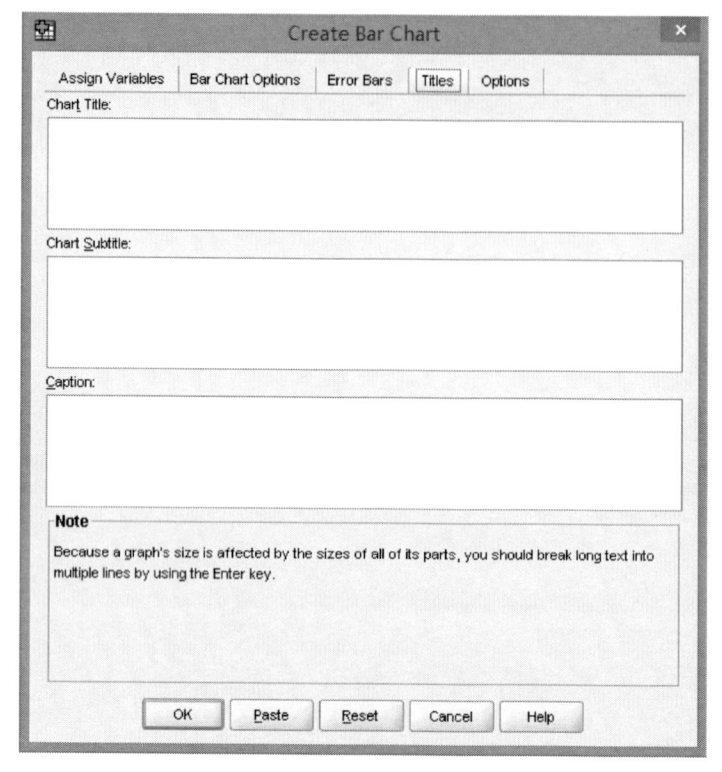

圖 15-4　條形圖標題設置對話框

⑤點擊 OK 按鈕，提交運行。

【實例演示】

用條形圖比較「房地產調查」數據庫中不同性別、不同文化程度的被調查者的「住房面積」的差異。

打開數據庫文件「房地產調查」后，執行下述操作：

① Graphs→Legacy Dialogs→Interactive→Bar，打開如圖 15-1 所示的條形圖交互作圖對話框。

②從左側的源變量窗口中選擇「文化程度」變量將其拖拽到橫坐標窗口中，選擇「住房面積」變量將其拖拽到縱坐標窗口中。從左側的源變量窗口中選擇「性別」變量將其拖拽到 Legend Variables 下的 Color 窗口中，在輸出圖形時用顏色來區分不同的類別。點擊 Color 窗口后的 Cluster 選項。

③點擊 Bar Chart Options 選項卡，打開如圖 15-3 所示的條形外觀設置對話框。點擊 Bar Lable 單選項中的 Value 選項。

④點擊 Titles（標題）選項卡，打開如圖 15-4 所示的條形圖標題設置對話框。在 Chart Title 窗口中輸入「圖 1　不同性別和文化程度的被調查者的平均住房面積」。

⑤點擊 OK 按鈕，提交運行。

【結果分析】

圖 15-5 是不同性別和文化程度的被調查者的平均住房面積。從圖中可以看出，在各文化程度層次，都是男性住房面積大於女性。但是隨著文化程度的提高，住房面積的差距有縮小的趨勢。從不同文化層次來看，無論男女，都是中等文化程度的被調查者住房面積最大。其背后的原因，請同學們嘗試解讀。

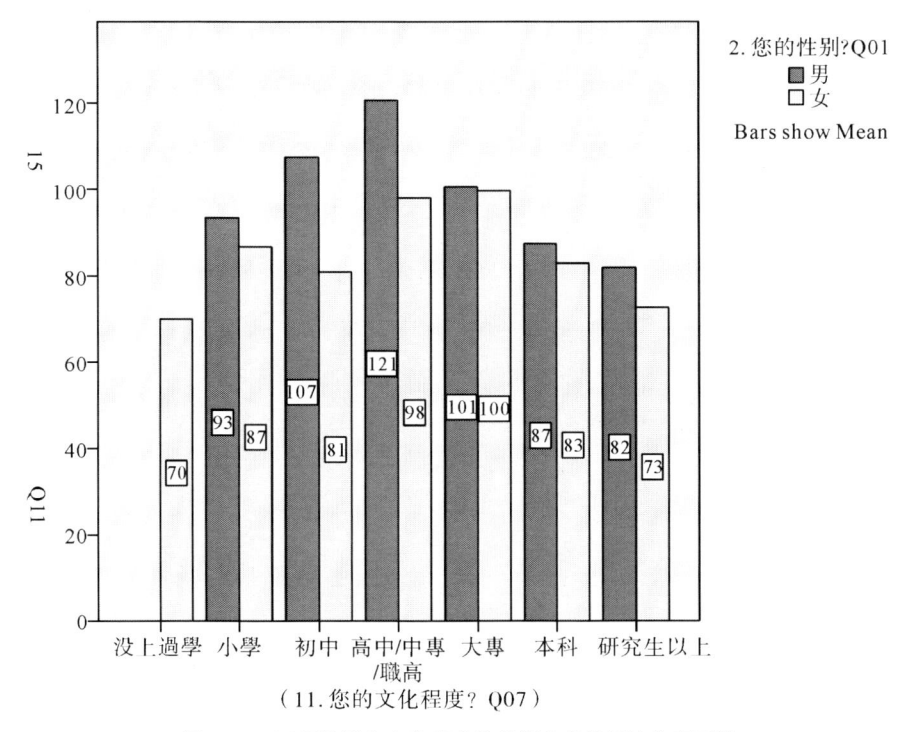

圖 15-5　不同性別和文化程度的被調查者的平均住房面積

【學生練習】

①用條形圖比較「房地產調查」數據庫中不同線級城市的被調查者的「個人月收入」的差異。

②用條形圖比較「房地產調查」數據庫中，「60 后」「70 后」「80 后」「90 后」被調查者的「再次購房所選面積」的差異。

二、折線圖

折線圖也稱為線形圖，是用坐標系內的折線來表示變量的分佈或兩個變量之間的關係的一種統計圖。

【技術要領】

通過交互作圖方法製作折線圖的操作方法如下：

① Graphs→Legacy Dialogs→Interactive→line，打開如圖 15-6 所示的折線圖交互作圖對話框。

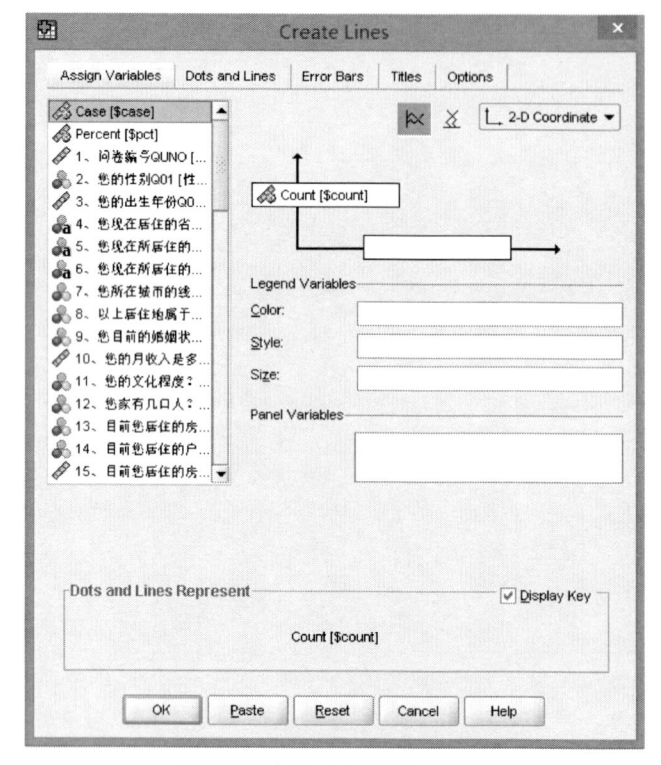

圖 15-6　折線圖交互作圖對話框

② 選擇作圖變量。在 Assign Variables（設置變量）選項卡下，用戶可以對作圖的變量進行設置。設置方法與條形圖完全相同，這裡不再贅述，只是在 Legend Variables 下多了一個 Size 窗口。如果分類變量被放入 Size 窗口中，在輸出圖形時用不同寬度的線代表不同的類別。

③ 點擊 Dots and Lines（點線形狀）選項卡，打開如圖 15-7 所示的點線形狀設置對話框。

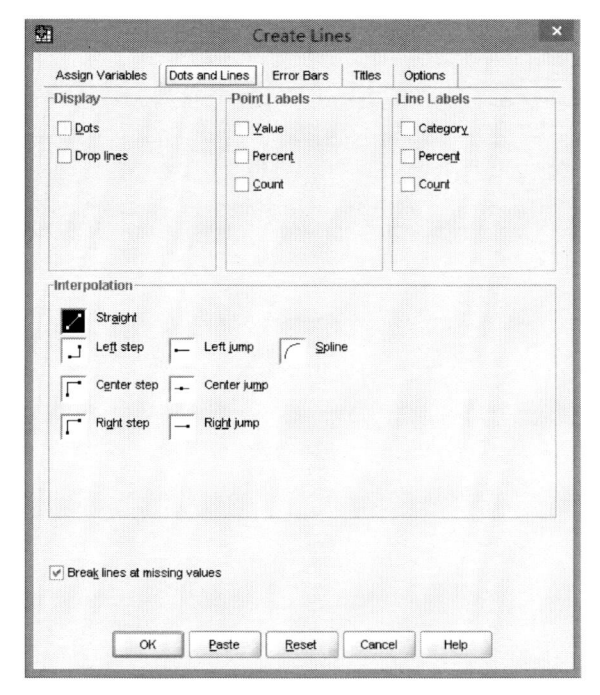

圖 15-7　點線形狀設置對話框

◆Display 選項欄中的 Dots 是在圖形中標出連接點的選項，選擇此項后，折線的連接點會被標出。

◆ Point Labels 是對點加數字標籤的復選框。Value 是以變量值作為點的數字標籤，Percent 是以百分比作為點的數字標籤，Count 是以頻數作為點的數字標籤，用戶根據縱軸的變量來確定選項。

◆ Line Labels 是給線加標籤的復選框。如果用戶在 Legend 中選入了分類變量，系統輸出的就是多線圖。如果用戶希望將每條線所代表的意義標出的話，那麼可以給每條線加標籤：Category 是用分類變量作標籤，它適用於多線圖；Percent 和 Count 是用百分比和頻數作標籤，適用於單線圖。

◆ Interpolation 是相鄰兩點之間連線的單選框，系統默認的是用直線連接。單選框中左側的三個選項是用不同的折線連接。中間三個選項是在每個點上有一條平行於橫軸，長度為兩點間距離的線段，這樣畫出的圖形是階躍圖形。右邊的一個選項是用光滑曲線連接。

◆ 最下面的選項是曲線在缺失值處中斷。這也是系統默認選項。
④ Titles（標題）選項卡與條形圖基本一樣，這裡不再贅述。
⑤點擊 OK 按鈕，提交運行。

【實例演示】

用折線圖比較「房地產調查」數據庫中不同性別、不同文化程度的被調查者的

「再次購房能承受的房價」的差異。

打開數據庫文件「房地產調查」后，執行下述操作：

① Graphs→Legacy Dialogs→Interactive→line，打開如圖 15-6 所示的折線圖交互作圖對話框。

② 從左側的源變量窗口中選擇「文化程度」變量將其拖拽到橫坐標窗口中，選擇「再次購房能承受的房價」變量將其拖拽到縱坐標窗口中。從左側的源變量窗口中選擇「城市線級」變量將其拖拽到 Legend Variables 下的 Color 窗口中，在輸出圖形時用顏色來區分不同的類別。

③ 點擊 Dots and Lines（點線形狀）選項卡，打開如圖 15-7 所示的點線形狀設置對話框。點擊 Display 復選框中的 Dots 選項。點擊 Point Labels 復選框中的 Value 選項。

④ 點擊 Titles（標題）選項卡，在 Chart Title 窗口中輸入「圖 1　不同線級城市、不同文化程度的被調查者再次購房能承受的房價」。

⑤ 點擊 OK 按鈕，提交運行。

【結果分析】

圖 15-8 是系統輸出的折線圖。從圖中我們可以看出，總體上看，隨著文化程度的提高，被調查者能夠承受的房價在逐漸提高。隨著城市線級的提高，被調查者能夠承受的房價在下降。其背后的社會經濟背景，請同學們嘗試解讀。

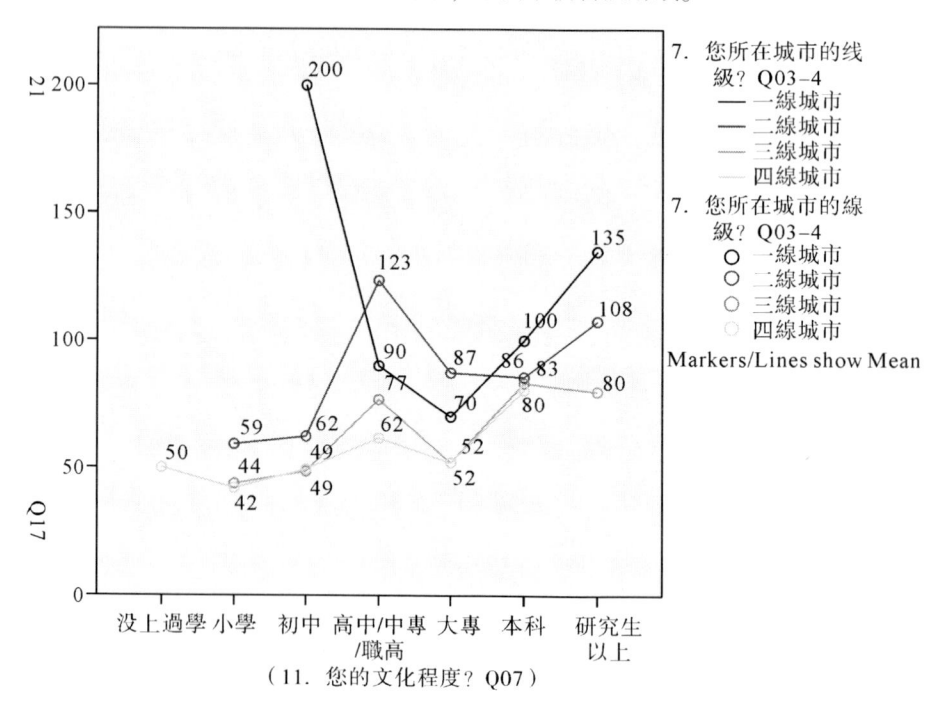

圖 15-8　不同線級城市、不同文化程度的被調查者再次購房能承受的房價

【學生練習】

①繪製折線圖來比較「房地產調查」數據庫中，不同性別的被調查者的「婚姻狀況」的差異。

②繪製折線圖來比較「房地產調查」數據庫中，不同家庭人口數的家庭「住房面積」的差異。

三、餅圖

餅圖又稱為圓形圖，是以一個圓代表一個整體，並按構成整體的各部分在整體中所占比例的大小將圓面積分割成若干個扇形，用以表示整體的構成和各部分之間的比例關係。它適用於描述名義變量、順序變量或取值很少的尺度變量的分佈。與條形圖和線形圖相比，餅圖更有利於表現部分與部分以及部分與總體之間的比例關係。SPSS提供了三種交互作圖方法繪製餅圖的方法。Simple 是簡單餅圖，Clustered 是分類餅圖，Plotted 是分區繪製餅圖。本教程僅介紹前兩種繪圖方法，分區餅圖初學者不必掌握。

1. 簡單餅圖

【技術要領】

通過交互作圖方法製作簡單餅圖的操作方法如下：

① Graphs→Legacy Dialogs→Interactive→Pie→Simple，打開如圖 15-9 所示的簡單餅圖交互作圖對話框。

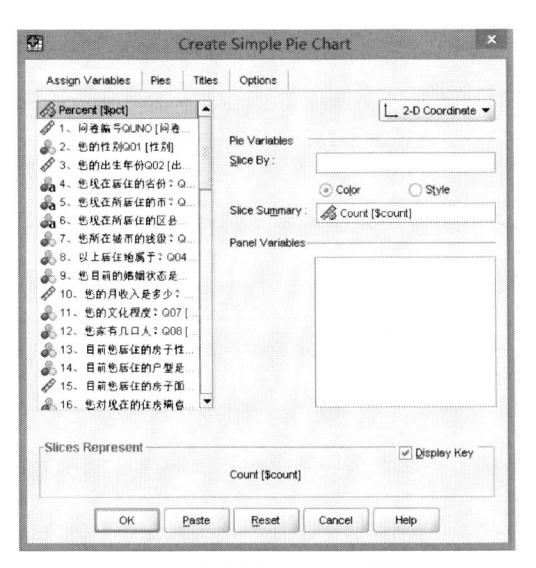

圖 15-9　簡單餅圖交互作圖對話框

② 選擇作圖變量。在 Assign Variables（設置變量）選項卡下，用戶可以對作圖的變量進行設置。從源變量窗口中找到要描述的變量並將其拖拽到上面的 Slice By 窗口中。用戶可以選擇是用 Color（顏色）或是 Style（圖案）來區分各類別。Slice Summary 用來設置餅圖各部分所代表的含義，系統默認是頻數（Count），用戶也可以選擇頻率（Percent）。2-D Coordinate 按鈕與 Panel Variables 窗口的設置與條形圖完全一樣，這裡不再贅述。

③ 點擊 Pies 標籤，打開如圖 15-10 所示的扇形標籤和分割位置對話框。

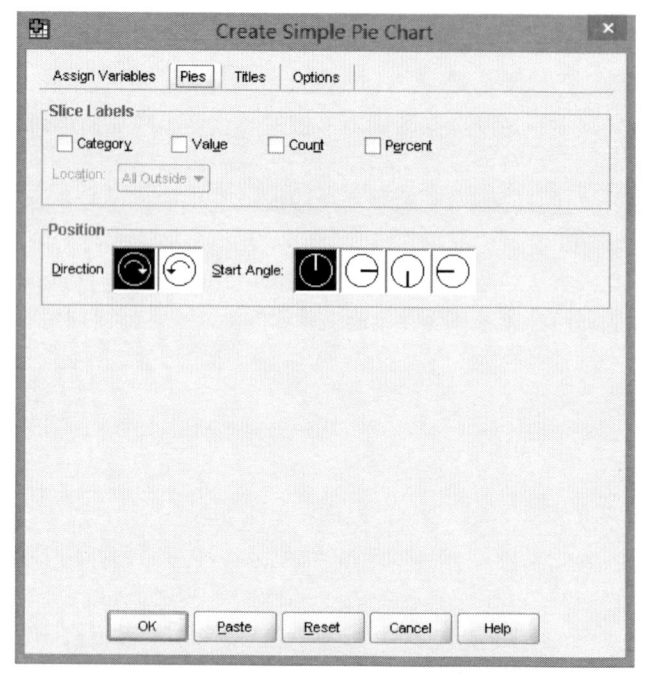

圖 15-10　扇形標籤和分割位置對話框

◆Slice Labels 是扇形標籤復選框。其中 Category 是用繪圖變量的分類作標籤，Value 是用扇形所代表的意義的變量值作標籤，Count 是用繪圖變量各個類別的頻數作標籤，Percent 是用繪圖變量各個類別的頻率作標籤。選擇以後，在輸出的圖形中，用標籤標出每個扇形所代表的意義。Location 是標籤位置的選項。其中，All Inside 是全部標籤都在圓的裡面，但當分割的扇形過小容納不了標籤時，系統會自動將標籤置於圓外。All Outside 是全部標籤都在圓的外面。「Text Inside，Numbers Outside」是文字標籤置於圓內，數字標籤置於圓外。「Numbers Inside，Text Outside」是數字標籤置於圓內，文字標籤置於圓外。

◆ Position 是分割扇形的順序方向和起始位置的選項欄。分割扇形的順序方向包括順時針分割和逆時針分割兩個選項，系統默認的是順時針方向。Start Angel 是分割的起始位置選項。有時針的 12 點位置、3 點位置、6 點位置和 9 點位置四個選項，系統默認的是 12 點位置。

④Titles（標題）選項卡與條形圖基本一樣，這裡不再贅述。
⑤點擊 OK 按鈕，提交運行。

【實例演示】

用餅圖分析「房地產調查」數據庫中，不同婚姻狀態的被調查者的頻率分佈。

打開數據庫文件「房地產調查」後，執行下述操作：

① Graphs→Legacy Dialogs→Interactive→Pie→Simple，打開如圖 15-9 所示的簡單餅圖交互作圖對話框。

② 從源變量窗口中找到「婚姻狀況」變量並將其拖拽到上面的 Slice By 窗口中。

③ 點擊 Pies 按鈕，打開如圖 15-10 所示的扇形標籤和分割位置對話框。點擊 Slice Labels 復選框中的 Category 和 Count 復選項。點擊 Location 后的三角形標誌，選擇 All Outside。

④ 點擊 OK 按鈕，提交運行。

【結果分析】

圖 15-11 是系統輸出的餅圖。從圖中我們可以看出，該地區消費者主要以已婚和未婚的居多，分別有 253 人和 126 人，離異和喪偶的分別有 11 人和 1 人。

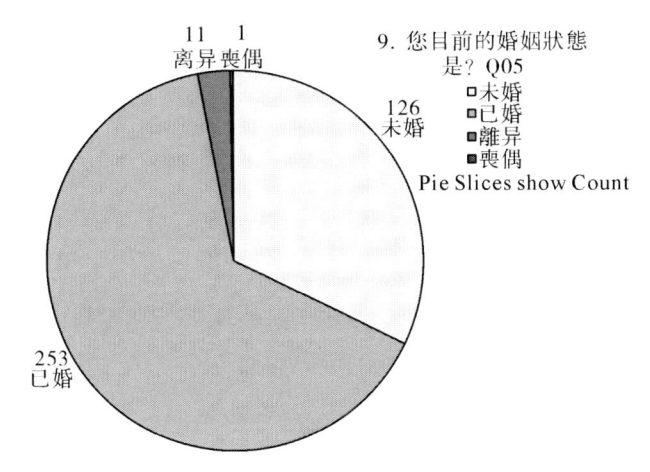

圖 15-11 婚姻狀態的簡單餅圖

2. 分類餅圖

【技術要領】

通過交互作圖方法製作分類餅圖的操作方法如下：

① Graphs→Legacy Dialogs→Interactive→Pie→Stacked，打開如圖 15-12 所示的分類餅圖交互作圖對話框。

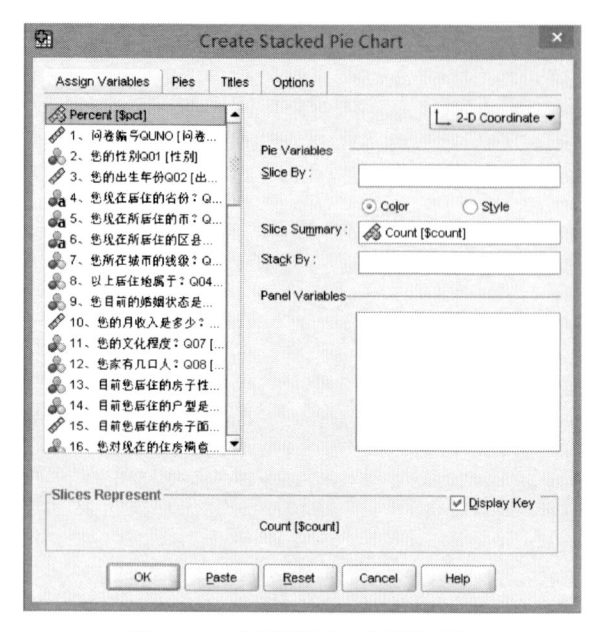

圖 15-12　分類餅圖交互作圖對話框

②　選擇作圖變量。在 Assign Variables（設置變量）選項卡與簡單餅圖基本相同，只是多了一個 Stacked 窗口，該窗口就是用來放置分類變量的。

③　點擊 Pies 標籤，打開如圖 15-13 所示的扇形標籤、類別標籤、分割位置對話框。Slice Labels 復選框和 Position 單選框的設置與簡單餅圖完全相同。Stacked Labels 是類別選項欄，四個選項的內容與 Slice Labels 選項欄完全相同。

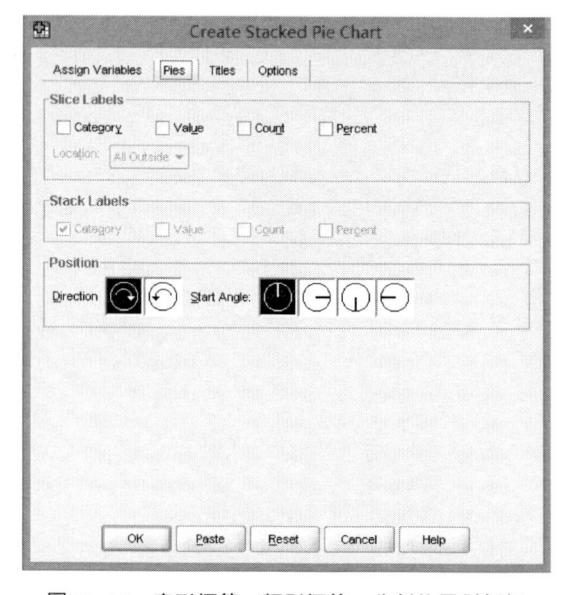

圖 15-13　扇形標籤、類別標籤、分割位置對話框

132

④Titles（標題）選項卡與簡單餅圖相同。
⑤點擊 OK 按鈕，提交運行。

【實例演示】

用分類餅圖分析「房地產調查」數據庫中，不同性別的被調查者的婚姻狀態。

打開數據庫文件「房地產調查」后，執行下述操作：

① Graphs→Legacy Dialogs→Interactive→Pie→Stacked，打開如圖 15-12 所示的分類餅圖交互作圖對話框。

②從源變量窗口中找到「婚姻狀況」變量並將其拖拽到上面的 Slice By 窗口中。從源變量窗口中找到「性別」變量並將其拖拽到 Stacked By 窗口中。

③點擊 Pies 按鈕，打開如圖 15-10 所示的扇形標籤和分割位置對話框。點擊 Slice Labels 復選框中的 Category 和 Percent 復選項。點擊 Location 后的三角形標誌，選擇 All Outside。點擊 Stacked Labels 復選框的 Category 復選項。

④點擊 OK 按鈕，提交運行。

【結果分析】

圖 15-14 是系統輸出的餅圖，同學們可以嘗試解讀分析結果。

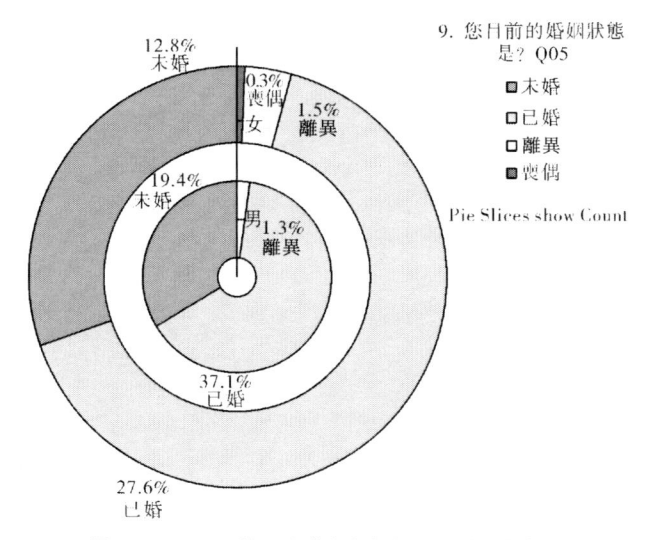

圖 15-14　不同性別消費者的婚姻狀態的分類餅圖

【學生練習】

①繪製折線圖來比較「房地產調查」數據庫中，不同性別的被調查者的「婚姻狀況」的差異。

②繪製折線圖來比較「房地產調查」數據庫中，不同家庭人口數的家庭「住房面積」的差異。

四、散點圖

散點圖是用由兩個變量所確定的點在坐標系中的分佈來反應變量之間關係的統計圖。用散點圖不僅可以直觀清晰地表現變量之間的關係，而且可以對變量的分佈特徵作初步的判斷，如變量的關係是否線形，變量的分佈是否具有等方差性等。

【技術要領】

通過交互作圖方法製作散點圖的操作方法如下：

① Graphs→Legacy Dialogs→Interactive→Scatterplot，打開如圖 15-15 所示的散點圖交互作圖對話框。

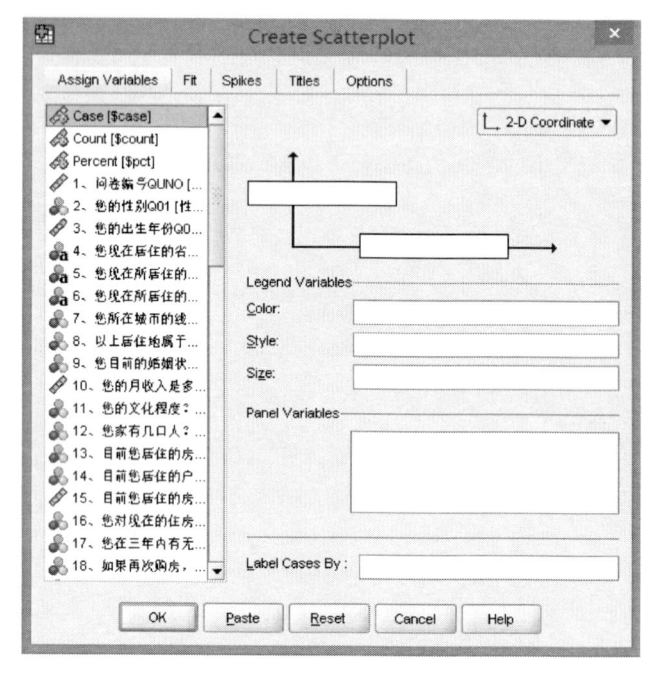

圖 15-15　散點圖交互作圖對話框

② 選擇作圖變量。從左側的源變量窗口中選擇一個尺度變量，用拖拽的方法將其放置到橫軸窗口中，再選擇另一個與其進行相關分析的變量，將其拖拽到縱軸窗口中。2-D Coordinate 按鈕的設置與條形圖完全一樣。

③ 確定是否需要區分散點的其他特徵。Legend Variables 下面的三個窗口就是用於區分散點其他特徵的窗口，Color 是用顏色來區分，Style 是用點的形狀來區分，Size 是用點的大小來區分。用戶可以從源變量窗口中選擇一個名義變量或順序變量，將其拖拽到上述的任意窗口中，在輸出的圖形中將會以選定的形式來區分不同的個案。如果

用戶希望將散點的其他特徵直接標註在圖中，那麼將區分特徵的變量置放在 Label Cases By 窗口中，該變量的取值將成為點的標籤直接標註在圖中。

④ 確定擬合的函數。點擊 Fit 標籤，打開如圖 15-16 所示的散點圖擬合函數對話框。

圖 15-16　散點圖擬合函數對話框

◆ Method 下拉菜單是擬合函數類型的選項。單擊下面窗口右側的向下箭頭按鈕打開下拉菜單，可以看到系統提供了四種擬合類型：None 是不擬合函數，Regression 是擬合迴歸直線，Mean 是擬合平均值，Smoother 是擬合光滑曲線。

◆ Prediction Lines 是確定擬合函數的置信區間的復選框。在 Method 選項欄中如果選擇了 Regression 或 Mean 會分別激活該選項欄中的不同選項，系統默認的是給出 95% 的置信區間。用戶可以通過數字窗口后面的箭頭按鈕對置信空間的大小進行調整。

◆ Fit Lines For 是確定擬合對象的復選框。下面的 Total 是對所有的點擬合函數，Subgroups 是對潛在的分類分別擬合函數。如果用戶在前面的選項卡中選擇了用另外一個變量區分散點的其他特徵，並在該選項卡中選擇了 Subgroups 選項，系統在輸出圖形時會按照不同的類別給出不同的擬合曲線。

⑤ 確定散點引線的連接方式。點擊 Spikes 標籤，打開如圖 15-17 所示的散點引線連接方式對話框。系統給出了 8 種連接方式：Origin 是連接到坐標原點，Corner 是連接到圖中兩個坐標軸的交點，Total Centroid 是連接到全部散點的中心，Subgroup Centroid 是連接到各自類別的中心，X1 Axis 是連接到 X 軸，Y Axis 是連接到 Y 軸，Floor 是在三維坐標圖中連接到底面，Fit Line 是連接到擬合線上。

圖 15-17　散點引線連接方式對話框

⑥ 點擊 OK 按鈕，提交運行。

【實例演示】

用「房地產調查」數據庫中的「個人月收入」和「住房面積」兩個變量製作散點圖，擬合一條迴歸直線並標出 95% 的置信區間。

打開數據庫文件「房地產調查」后，執行下述操作：

① Graphs→Legacy Dialogs→Interactive→Scatterplot，打開如圖 15-15 所示的散點圖交互作圖對話框。

② 從左側的源變量窗口中選擇「住房面積」和「個人月收入」變量，用拖拽的方法將其放置到橫軸窗口與縱軸窗口中

③ 點擊 Fit 標籤，打開如圖 15-16 所示的散點圖擬合函數對話框。在 Method 下拉菜單中選擇 Regression，在 Prediction Lines 復選框中選擇 Mean。

④ 點擊 OK 按鈕，提交運行。

【結果分析】

圖 15-18 是個人月收入與住房面積的散點圖與擬合直線。同學們可以嘗試對統計結果進行分析解讀。

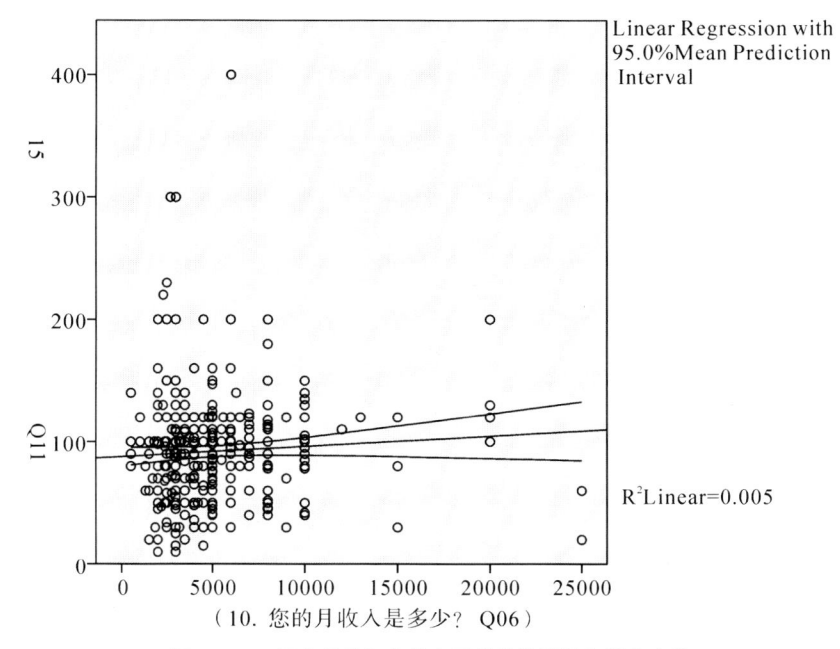

圖 15-18　個人月收入與住房面積的散點圖與擬合直線

【學生練習】

①繪製散點圖分析「房地產調查」數據庫中，「住房面積」與「再次購房所選面積」的關係。

②繪製散點圖分析「房地產調查」數據庫中，不同線級城市的被調查者「年齡」與「住房面積」的關係。

五、直方圖

直方圖是用一組無間隔的條形來表現變量分佈的統計圖，它適用於對尺度變量的分佈進行描述。

【技術要領】

通過交互作圖方法製作直方圖的操作方法如下：

① Graphs→Legacy Dialogs→Interactive→Histogram，打開如圖 15-19 所示的直方圖交互作圖對話框。

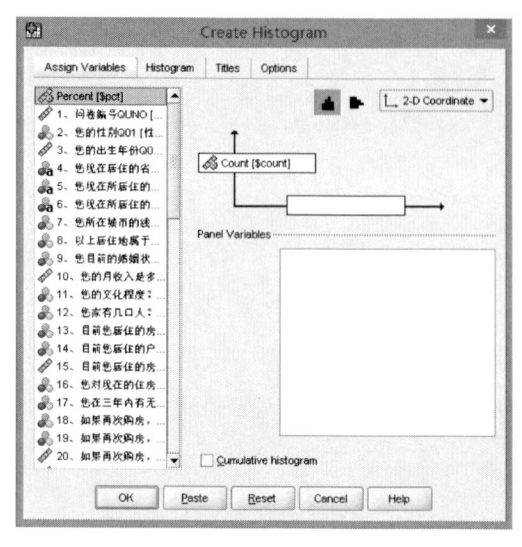

圖 15-19　直方圖交互作圖對話框

②選擇作圖變量。選擇作圖變量的操作方法與條形圖完全一樣，這裡不再贅述。需要說明的是，橫軸窗口只能放置尺度變量，縱軸窗口可以選擇 Count 或 Percent 變量。2-D Coordinate 按鈕的設置與條形圖完全一樣。

③確定是否需要繪製累計頻次或累計頻率。Cumulative histogram 復選項是製作累計直方圖的選項。如果在縱軸中選定了 Count，則繪製累計頻次直方圖；如果在縱軸中選定了 Percent，則繪製累計頻率直方圖。

④確定圖形分組間距。點擊 Histogram 標籤，打開如圖 15-20 所示的直方圖分組間距對話框。

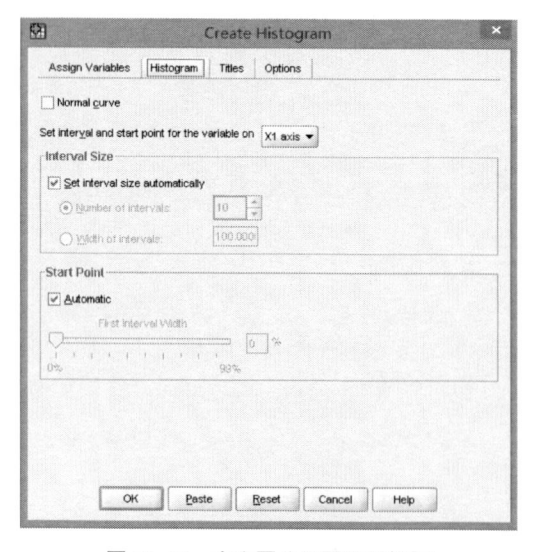

圖 15-20　直方圖分組間距對話框

◆ Normal Curve 是附加正態曲線的復選項。通過與附加的正態曲線比較，用戶可以初步判斷變量的分佈是否正態。

◆ Set interval and start point for thevariables on 是對坐標軸上的間隔和起始點的位置進行設置的選項。如果在后面的窗口中選擇 X1 axis，即對 X1 軸進行間隔和起始點的位置設置。如果在后面的窗口中選擇 X2 axis，即對 X2 軸進行間隔和起始點的位置設置。

◆ Interval Size 是設置直方圖間距的復選框。Set interval size automatic 是系統自動設置間距的選項，也是系統默認的選項。用戶也可以按照自己的需要設置間距。方法是：點擊 Set interval size automatic 前面的選項方框，對號消失，即去掉了這個選項，同時激活下面兩個單選項。也是系統提供的兩種設置直方圖間距的方法。其中，Number of interval 是確定條形的數量的選項，Width of interval 是確定條形的寬度的選項。

◆ Start Point 是設置起始點位置的復選框。用戶可以通過移動遊標確定直方圖中最左側的條形所在位置，並由此確定整個直方圖的位置。遊標的最大位置表示的是離開縱軸一個條形的寬度，由於直方圖的起始點是由變量的最小取值確定的，建議用戶不要改變起始點，將遊標置於 0% 的位置。

⑤ 點擊 OK 按鈕，提交運行。

【實例演示】

繪製「房地產調查」數據庫中被調查者「出生年份」頻率分佈的直方圖。
① Graphs→Legacy Dialogs→Interactive→Histogram，打開如圖 15-19 所示的直方圖交互作圖對話框。
② 從源變量窗口中選擇「出生年份」進入橫軸窗口。從源變量窗口中選擇 Percent 變量進入縱軸窗口。
③ 點擊 OK 按鈕，提交運行。

【結果分析】

圖 15-21 是出生年份分佈的直方圖。從圖中可以看出，在樣本中，「70 后」和「90 后」相對比重較大，在圖中形成了兩個波峰。

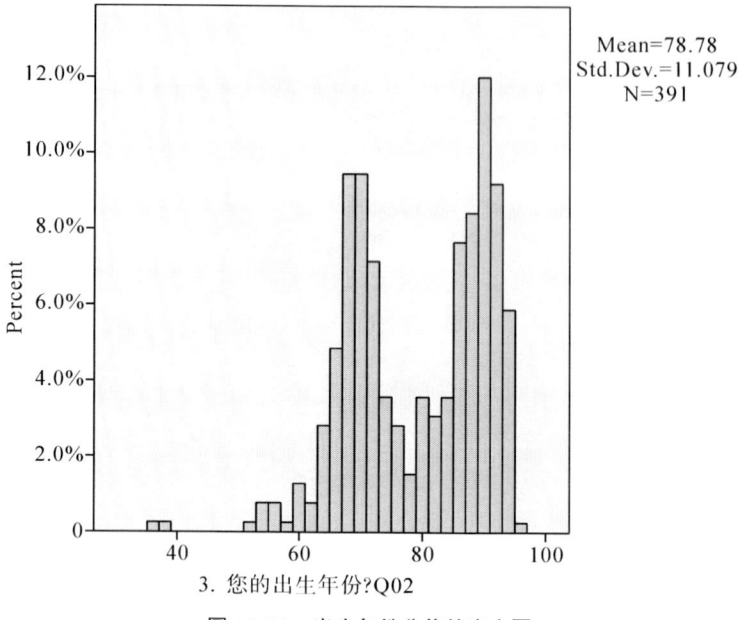

圖 15-21　出生年份分佈的直方圖

【學生練習】

①繪製「房地產調查」數據庫中被調查者「住房面積」頻率分佈的直方圖，並繪出正太曲線。

②分性別繪製「房地產調查」數據庫中被調查者「個人月收入」頻率分佈的直方圖。

附　錄

教學數據庫調查問卷

問卷編號：

尊敬的先生/女士：

您好！本調查是為了獲得一個市場研究數據庫，用於《市場分析與軟件應用》課程的教學，沒有任何商業目的。為了獲得可用於教學的研究結論，請您務必提供真實資料。本調查完全採取匿名形式，不用擔心個人信息的洩露。謝謝您的配合。

1. 您的性別？
（1）男　　（2）女
2. 您的出生年份？
19＿＿＿＿＿＿＿＿年
3. 您現在居住在？
＿＿＿＿＿＿＿＿省＿＿＿＿＿＿＿＿市＿＿＿＿＿＿＿＿縣
4. 以上您的居住地屬於？
（1）城市　　（2）農村
5. 您目前的婚姻狀況是？
（1）未婚　　（2）已婚　　（3）離異　　（4）喪偶
6. 您的月收入是？
＿＿＿＿＿＿＿＿＿＿＿＿元/月
7. 您的文化程度是？
（1）沒上過學　　（2）掃盲班　　（3）小學　　（4）初中　　（5）高中/中專/職高　　（6）大專　　（7）本科　　（8）研究生及以上
8. 您家有幾口人？
＿＿＿＿＿＿＿＿＿＿＿＿口人
9. 目前您居住的房子性質是？
（1）與父母住在一起　　（2）單位的單身宿舍　　（3）在外自己租的　　（4）單位分的　　（5）父母給買（蓋）的　　（6）自己購買的　　（7）自己蓋的
10. 目前您居住的戶型是？
（1）一居室　　（2）兩居室　　（3）三居室　　（4）四居室　　（5）五居室以上
11. 目前您居住的房子面積是？

_____平米

12. 您對目前的住房滿意嗎？

（1）很不滿意　（2）不滿意（3）一般（無所謂）（4）滿意（5）很滿意

13. 您在近三年內是否有購房的打算？

（1）有　（2）不知道　（3）沒有

14. 如果再次購房，您會選擇何種建築形式的住房？

（1）高層（12層以上）　（2）小高層（7-11層）　（3）多層（6層以下）
（4）別墅

15. 如果再次購房，您會選擇的戶型是？

（1）一居室　（2）兩居室　（3）三居室　（4）四居室　（5）五居室以上

16. 如果再次購房，您會選擇的住房面積是？

_____平方米

17. 如果再次購房，您能承受的住房總價是？

_____萬元

18. 如果再次購房，您會選擇何種付款方式？

（1）一次性付款　（2）銀行按揭貸款　（3）分期付款　（4）其他

19. 如果按揭貸款買房，您會選擇的貸款期限是？

（1）5年　（2）10年　（3）15年　（4）20年　（5）30年以上

20. 如果不是一次性付款，您能承受的首期支付款為？

_____萬元

21. 如果按揭貸款買房，您能承受的每月還款額為？

_____元/月

22. 如果再次購房，請對以下選購因素的重要程度進行評價。

選購因素	重要程度				
面積	1. 很不重要	2. 不重要	3. 一般	4. 重要	5. 很重要
價格	1. 很不重要	2. 不重要	3. 一般	4. 重要	5. 很重要
戶型	1. 很不重要	2. 不重要	3. 一般	4. 重要	5. 很重要
裝修	1. 很不重要	2. 不重要	3. 一般	4. 重要	5. 很重要
區位與交通	1. 很不重要	2. 不重要	3. 一般	4. 重要	5. 很重要
醫院、學校等周邊配套設施	1. 很不重要	2. 不重要	3. 一般	4. 重要	5. 很重要
小區物業	1. 很不重要	2. 不重要	3. 一般	4. 重要	5. 很重要
小區環境	1. 很不重要	2. 不重要	3. 一般	4. 重要	5. 很重要
保值與升值空間	1. 很不重要	2. 不重要	3. 一般	4. 重要	5. 很重要
租金	1. 很不重要	2. 不重要	3. 一般	4. 重要	5. 很重要

23. 對下列住房自身的配套設施，您認為最重要的是？（最多選三項）

（1）24小時熱水　（2）停車位　（3）寬帶　（4）有線　（5）水電氣表置於

戶外 　（6）預留天然氣管道 　（7）樓宇對講系統 　（8）門禁卡 　（9）其他_____

24. 對下列小區配套設施，您認為最重要的是？（最多選三項）

（1）學校 　（2）幼兒園 　（3）運動場 　（4）醫院（5）商場/超市 　（6）菜市場 　（7）銀行 　（8）郵局 　（9）其他_____

25. 您認為小區物業管理部門應提供哪些服務？（多選）

（1）安全巡邏 　（2）公共衛生 　（3）報紙、郵件收發 　（4）便民維修 　（5）仲介服務 　（6）裝修服務 　（7）其他_____

26. 您主要是從何處獲得房產信息？（最多選三項）

（1）報紙 　（2）電視 　（3）廣播 　（4）戶外廣告 　（5）車體廣告 　（6）宣傳單 　（7）上網查詢 　（8）親朋好友介紹 　（9）其他_____

　　＊＊＊＊＊＊　訪問結束，謝謝您的配合！　＊＊＊＊＊＊

國家圖書館出版品預行編目(CIP)資料

市場分析與軟體應用實驗教程 / 史學斌 編著. -- 第一版.
-- 臺北市：崧博出版：財經錢線文化發行，2018.10

　面　；　公分

ISBN 978-957-735-605-5(平裝)

1.市場分析 2.統計套裝軟體

496.3　　　　107017324

書　名：市場分析與軟體應用實驗教程
作　者：史學斌 編著
發行人：黃振庭
出版者：崧博出版事業有限公司
發行者：財經錢線文化事業有限公司
E-mail：sonbookservice@gmail.com
粉絲頁　　　　　網　址
地　址：台北市中正區延平南路六十一號五樓一室
8F.-815, No.61, Sec. 1, Chongqing S. Rd., Zhongzheng Dist., Taipei City 100, Taiwan (R.O.C.)
電　話：(02)2370-3310　傳　真：(02) 2370-3210

總經銷：紅螞蟻圖書有限公司
地　址：台北市內湖區舊宗路二段 121 巷 19 號
電　話：02-2795-3656　　傳真：02-2795-4100　網址：
印　刷：京峯彩色印刷有限公司（京峰數位）

　　本書版權為西南財經大學出版社所有授權崧博出版事業有限公司獨家發行電子書及繁體書繁體版。若有其他相關權利及授權需求請與本公司聯繫。

定價：300元

發行日期：2018 年 10 月第一版

◎　本書以POD印製發行